悦之华筵
——中餐主题宴会设计

YUEZHI HUAYAN
ZHONGCAN ZHUTI YANHUI SHEJI

曾丹◎著

首都经济贸易大学出版社
Capital University of Economics and Business Press
·北京·

图书在版编目（CIP）数据

悦之华筵：中餐主题宴会设计 / 曾丹著. --北京：首都经济贸易大学出版社，2018.7

ISBN 978-7-5638-2832-6

Ⅰ.①悦… Ⅱ.①曾… Ⅲ.①宴会—设计 Ⅳ.①TS972.32

中国版本图书馆CIP数据核字（2018）第148359号

悦之华筵——中餐主题宴会设计

曾丹　著

责任编辑　王　猛

封面设计　砚祥志远·激光照排 TEL：010-65976003

出版发行　首都经济贸易大学出版社

地　　址　北京市朝阳区红庙（邮编 100026）

电　　话　（010）65976483　65065761　65071505（传真）

网　　址　http://www.sjmcb.com

E-mail　publish@cueb.edu.cn

经　　销　全国新华书店

照　　排　北京砚祥志远激光照排技术有限公司

印　　刷　北京建宏印刷有限公司

开　　本　710毫米×1000毫米　1/16

字　　数　145千字

印　　张　8.25

版　　次　2018年7月第1版　2022年1月第1版第3次印刷

书　　号　ISBN 978-7-5638-2832-6 / TS·3

定　　价　42.00元

前言

改革开放以来，伴随着我国经济社会的迅猛发展和人民生活水平的日益提高，人们的餐饮消费观念也正逐步地发生变化。人们在满足饮食基本需求的前提下，对消费环境、餐饮设施、服务质量、文化氛围等诸多因素的期望值明显提高。努力提升餐饮消费的高雅与品位已成为餐饮业发展的新趋势，追求精神愉悦已经成为餐饮消费市场的新需求，而能将餐饮与文化进行有机结合的人才却极为匮乏。

对于高职院校而言，举办职业技能大赛，促进相互交流，以赛促教，是培养高技能专业技术人才的重要途径。在教学过程中不断引入大赛机制，不仅能够考查选手的技能高低，也有助于学校不断完善教学理念，提升教学水平。

为适应新时代需求，大连职业技术学院酒店管理专业与时俱进地对中餐主题宴会设计竞技进行了全方位的设计与创新。竞赛集美丽、创意、技能于一体，以餐桌为载体，充分融合不同领域、不同历史时期的文化元素，综合考虑了宴会主题、餐具设计、环境构造、气氛渲染、整体风格等方面因素，追求创新，主题多元，大大丰富了餐台上的文化内涵。一张张餐台作品，凝聚了智慧之美、文化之美，使传统文化与饮食文化巧妙地结合并交相辉映，充分展示了学院的办学水平和教学成果。本书取名《悦之华筵》，寓意赏心悦目而又丰盛的筵席，即于惊喜之余，将近三年的成果作品进行一一回顾与展示，不仅是对过往点滴工作业绩的沉淀与积累，更是希望让更多的读者体味并享受中餐宴会的文化之美。

与此同时，对酒店行业而言，一场高标准的宴会，在一定程度上代表了

一家酒店餐饮经营、管理、服务的最高水平。因此，总结并转化大赛成果，利用校企合作的渠道，帮助酒店业提升中餐宴会的设计水平，不仅可以实现“以赛促教”的办学目的，也体现了“以教助产”的办学方向。期待本书在为大家带来美的享受的同时，能够为其他兄弟院校酒店管理专业的教学带来些许的启迪和思考，亦为酒店行业培训提供参考资料。

本书在编写过程中，参阅了业内相关资料，书中并未一一注明，在此谨向相关作者表示感谢，同样感谢学院领导和酒店管理专业教研室全体同事的大力支持！由于作者经验有限，仓促之间，难免有所疏漏与不足，敬请广大读者提出宝贵意见和建议，不胜感激！

目　录

第一章　中餐主题宴会设计认知①

宴会是因习俗或社交需要而举行的宴饮聚会。《说文》曰："宴：安也。"从字义上看，"宴"的本义是"安逸""安闲"，引申为宴乐、宴享、宴会，"会"是许多人集合在一起的意思，久而久之，便演化成了"众人参加的宴饮活动"。宴会有许多别称，如筵席、宴席、筵宴、酒宴等。人们通过宴会，不仅能够获得饮食艺术的享受，而且可以增进人际交往。

中餐主题宴会是在传统中餐宴会的基础之上，围绕某一个特定的主题，营造特殊的文化氛围，让消费者获得富有个性的消费感受，以此更加充分地表达主办方的意图，并让参宴者获得欢乐、知识的宴会服务方式。

主题宴会设计是根据宾客的要求确定宴会的主题，根据承办酒店的物质、技术条件等因素，对餐厅环境、餐桌台面、宴会菜单等进行规划，并拟出具体实施方案的创作过程。宴会设计既是标准设计，又是活动设计，它既强调各工种充分协作，又指导每一工作细节的操作方法。

第一节　中餐主题宴会设计概述

一、中餐主题宴会的特征

（一）中餐主题宴会的明显特征

1. 主题的差异性

主题宴会，顾名思义即围绕某一特定主题对宴会的各个环节进行设计。

① 本章部分内容引自全国旅游职业教育教学指导委员会主编的《餐饮奇葩、未来之星》——教育部全国职业院校技能大赛高职组中餐主题宴会设计赛项成果展示（2015）。

因此，宴会因主题差异会存在较大区别。如在台面色彩方面，以历史事件或历史人物为主题的宴会，色彩要相对凝重，而以自然风光为主题的宴会，色彩要清新淡雅等。

2. 设计的综合性

一场主题宴会，其工作会涉及方方面面，如场景布局、台面安排、菜单设计、菜品制作、接待礼仪、服务规程，以及灯光、音响、卫生、保安等。因此，要求宴会设计师有较高的文化素养和较全面的综合知识，能够运用心理学、民俗学、管理学、美学、营养学、烹饪学等多门学科知识，对各方面的工作进行认真考虑和周密安排，并使之配合默契，以期达到理想效果。

3. 实施的细致性

实施主题宴会设计方案时，必须对宴会进程中的每个环节做细致、周密的安排。主题宴会是一个系统工程，哪怕是在某一个细小的方面出现差错，也会导致整个宴会的失败，或者留下无法弥补的遗憾。

（二）中餐主题宴会的一般特征

1. 社交性

社交性是宴会的重要特征之一。众所周知，宴会可以说是美食汇展的橱窗，它既可以使人心情愉悦、健身强体、满足口腹之欲，又能受到精神文化的熏陶，陶冶情操，给人以精神上、艺术上的享受。但从另一个角度看，国内外的任何宴会均有它举办的目的。大到国家政府举办的国宴，小到民间举办的家宴，远到唐代举办的烧尾宴，近到一年一度举办的迎春宴，都有一定的主题。它们或纪念节日、欢庆盛典，或者洽谈事务、展开公关，或者接风洗尘、表示欢迎、致以酬谢，或者为了增进和平与友谊，或者为了增进亲情和友情等。总之，人们聚在一起围绕宴会主题，在品味佳肴、畅饮琼浆、促膝谈心、交往朋友的过程中疏通关系，增进了解，加强情谊，解决一些其他场合不容易或不便于解决的问题，从而实现社交的目的，这也正是

宴席自产生以来长盛不衰，普遍受到参宴者的重视并广为利用的一个重要原因。

2. 聚餐式

聚餐式是宴会很重要的一个特征，它主要指宴会的形式。中国宴会自产生以来都是在多人围坐、亲切交谈的氛围中进行的，它一般采用合餐制，其中十人一桌的形式最为常见，也寓意十全十美，有吉祥祝福之意。餐桌大都选用大圆桌，也象征团团圆圆、和和美美。赴宴者通常由主人、副主人、主宾、副主宾及陪客组成，桌次也有首席、主桌、次桌之分。虽然席位有主次，座位有高低，但大家都在同一时间、同一地点品尝同样的菜肴，享受同样的服务，更重要的是大家都是为了同一目的而聚集一堂，特别是围桌宴饮时很容易沟通，可缩短宾主、客人之间的距离，所以聚餐饮食是宴会的一个基本特征。

3. 规格化

规格化是宴会内容上的一个重要特征。宴会之所以不同于一般的便餐、大众快餐和零点就餐，就在于它的规格化和档次。一般便餐、大众快餐等是以吃饱为主，在进餐环境、菜肴组合、服务水平及就餐礼仪上都无过多要求。宴会则要求进餐环境优雅，布置得当；就餐礼仪要求高；全部菜品应制作精美、营养均衡；盛器、食具等应体现精美、华贵、典雅；上菜程序井然，显示出宴会的规格化。

4. 礼仪性

礼代表一种秩序和规范。礼不仅是一种表现形式，更是一种精神文化，体现内在的伦理道德。宴会的礼仪性有两层意思：一是指饮宴礼仪，要求每位赴宴者都要遵守。所谓“设宴待嘉宾，无礼不成席”，历代的席礼、酒礼、茶礼等均由此而来。二是从服务人员的角度去理解的，即凡是举行宴席，主人都希望他所请的客人得到无微不至的照顾，都希望享受到与宴席菜品质量相匹配的服务，所以为宴会服务的人员要经过严格的挑选，不但要求基本操作技能过硬，还要有系统的理论知识和丰富的实践经验，为客人提供

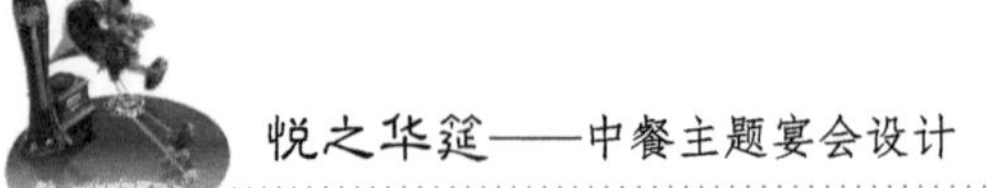

的服务遵循一定的程序，讲究礼节礼仪，准确提供好每道特殊菜肴，同时要尊重客人的风俗习惯和饮食禁忌，满足客人就餐时追求卫生和安全、追求尊重等各种就餐心理，从而提高本饭店的服务水平和知名度。

二、中餐主题宴会设计的作用

（一）计划作用

主题宴会首先需要确定宴会设计方案，即宴会活动的计划书，它对宴会活动的内容、程序、形式等起到计划作用。举办一场宴会，要做的事情很多，从环境的布置、餐桌的排列、灯光音响、菜品设计、酒水服务等，涉及餐饮部以及酒店其他部门和岗位，如果事前没有一个计划，就有可能会因缺少协调，在工作中出现漏洞，造成质量事故。

（二）指挥作用

宴会设计就像一根指挥棒，指挥着所有宴会工作人员的操作行为和服务规范。经宴会设计产生的实施方案，一旦审定通过，对于生产和服务过程而言，就是具有高度约束力的技术性文件。各相关岗位要根据宴会设计的规定和要求做好各项准备工作。原材料采购计划要保证原材料的品种、数量满足需求，符合质量要求，按时购进；对于切配而言，要保证切制要求与组合形式；对于烹调而言，要保证每一道菜肴的烹调方法、味型、成菜标准、造型样式符合设计要求。

（三）保证作用

宴会设计方案实际上是一个产品质量保证书，也是检查和衡量产品质量的标准。宴会设计实施方案和细则将每一方面的工作都落到实处，各岗位按照设计要求进行生产，提供服务，确保宴会的质量。

三、中餐主题宴会设计的要求

（一）突出主题

根据不同宴会的目的，突出不同的宴会主题，这是宴会设计的起码要求。如国宴的目的是通过宴会增进国家间的相互沟通、友好交往，因而在宴会设计上突出热烈、友好、和睦的主题气氛。婚宴的目的是庆贺喜结良缘，在设计时要突出吉祥、喜庆的主题意境。

（二）特色鲜明

宴会设计贵在特色，可以通过菜品花样、酒水种类、服务程序、娱乐项目、场景布局或者台面设计表现出来。

（三）安全舒适

宴会活动中的安全舒适是所有赴宴者的基本需求。优美的环境、清新的空气、适宜的温度、可口的饭菜、悦耳的音乐、柔和的灯光会给赴宴者带来舒适感。同时，宴会设计时要考虑客人的人身和财产安全，避免诸如盗窃、火灾、食品安全等事故的发生。

（四）美观和谐

宴会设计是一项创造美的活动。宴会场景、台面设计、菜品组合乃至服务人员的容貌和装束，都包含着许多美学的内容。宴会设计就是将这些审美的元素进行有机组合，协调一致，达到美观和谐的要求。

（五）科学核算

宴会设计从其目的来看，可分为效果设计和成本设计。上述四点要求，都是围绕宴会效果来设计的。酒店宴会的最终目的还是为了盈利，因此，在

进行宴会设计时还要考虑成本因素，对宴会各个环节、各个消耗成本的因素要进行科学、认真的核算，确保宴会的正常盈利。

四、中餐主题宴会的发展趋势

中国宴会由餐桌为载体，充分融合了不同历史时期的文化元素，得以不断发展。中国宴会在宴会布置、餐具设计、环境气氛等方面，讲求创新，追求变化，不断丰富其文化内涵。未来的宴会将呈现以下几个发展趋势。

（一）追求绿色环保

传统的中国宴会重“宴”而轻“会”，强调菜肴珍贵丰盛，量多有余，而且以菜肴酒水的贵贱和多少来衡量办宴者情礼之深浅，办宴者和赴宴者都要保持食而有余，结果导致浪费惊人。现代宴会的菜点设计力戒追求排场，应讲究实惠，本着去繁就简、节约时间、量少精作的几条原则来设计制作宴会菜点。量力而行的宴会新风被越来越多的社会各界人士所接受，也符合我国倡导的发展低碳经济的科学理念。

（二）强调特色

特色化趋势是指宴会具有地方风情和民族特色，能反映酒店、地区、城市、国家、民族所具有的地域文化、民族特色，使宴会呈现精彩纷呈、百花齐放的局面。不少中高档饭店的宴会菜单，既安排有乡土菜，又穿插有西式菜肴或东南亚风味菜肴；既有传统菜，又有改良菜。不同风格的菜肴组合成一桌宴席，品尝时就好像欣赏一幅巧妙构思、风格迥异的组合图画。这些菜肴风韵独特，满足了顾客求新、求异的消费心理，达到了出奇制胜的效果。顾客的需要，就是宴会的经营方向。过去传统形式的风味宴，现已普遍形成了“东西南北大融会，锅碗瓢盆交响曲”的“百味宴”。宴会菜肴的口味鲜美、常变常新，已成为经营者和消费者关注的焦点。

（三）贴近自然

在经济日趋发达的现代化社会里，宴会的形式越来越多，正确合理地选用宴会方式，有利于人们思想、感情、信息的交流和公共关系的改进与发展，宴会方式的多样化是大势所趋。所谓多样化，即宴会的形式因客人需求的不同、时间的不同、地点的不同而灵活应变。宴会的地点、场所会进一步向大自然靠拢，举办的场所可能会选择在室外的湖边、草地上、树林里，即使在室内，也要求布置更多的绿叶、花卉来营造自然环境，让人们感受到大自然的气息，满足人们对自然的向往。

（四）注重环境

随着人们价值观的改变和消费能力的提高，人们不仅对宴会食品的要求高，对就餐环境的要求也越来越高。饭店能否吸引客人，给他们留下美好的印象，与就餐的环境和气氛有密切的联系。因此，举办宴会时，要精心设计宴会的环境，宴会厅的选用、场面气氛的控制、服务节奏的掌握、空间布局的安排、餐桌的摆放、台面的布置、花台的设计、环境的装点、服务员的服饰、餐具的配套、菜肴的搭配等，都要紧紧围绕宴会主题，调动一切元素，创造宴会理想的艺术境界，保持宴会祥和、欢快、轻松、浪漫的氛围，给宾客以美的艺术享受。

（五）注重营养

宴会作为饮食文化的重要载体，合理配膳越来越受到人们的关注。现行宴会的饮食结构已发生了很大的变化：变重荤轻素为荤素并举；变重菜肴轻主食为主副食并重；变猎奇求珍为欣赏烹饪技艺与品尝风味并行。人们喜欢食用既有味觉吸引力，又富有营养、低胆固醇、低脂肪、低盐的食物。仅从色、香、味、形的角度来考虑宴会食物的搭配已不能满足市场需求，宴会食物结构必然朝着营养化的趋势发展，绿色食品、保健食品将会越来越多地出

现在宴会餐桌上，膳食的营养价值将成为衡量宴会质量的一条重要标准。

第二节 中餐主题宴会的设计要素及程序

一、中餐主题宴会设计的内容

（一）场景设计

宴会环境包括大环境和小环境两种。大环境，即宴会所处的特殊自然环境，如海边、山巅、船上、临街、草原蒙古包、高层旋转餐厅等。小环境，即宴会举办场地在酒店中的位置，宴席周围的布局、装饰、桌子的摆放等。宴会场景设计对宴会主题的渲染和衬托具有十分重要的作用。

（二）台面设计

台面设计要烘托宴会气氛、突出宴会主题、提高宴会档次、体现宴会水平。根据客人进餐的目的和主题要求，将各种餐具和桌面装饰物进行组合造型的创作，包括台面物品的组成和装饰造型、台面设计的意境等。

（三）菜单设计

科学、合理地设计宴会菜肴及其组合是宴会设计的核心。要以人均消费标准为前提，以顾客的需要为中心，以本单位物资和技术条件为基础设计菜谱。其设计内容包括各类食品的构成、营养、味型、色泽、质地、原料、烹调方法、数量及风味等。

（四）酒水设计

“无酒不成席”，“以酒佐食”和“以食助饮”是一门高雅的饮食艺术。酒水如何与宴会的档次相一致，与宴会的主题相吻合，与菜点相得益

彰，这都是宴会酒水设计所涉及的内容。

（五）服务及程序设计

服务及程序设计指对整个宴饮活动的程序安排、服务方式规范等进行设计，其内容包括接待程序与服务程序、行为举止与礼仪规范、席间乐曲与娱乐助兴等。

（六）安全设计

安全设计指对宴会进行中可能出现的各种不安全因素的预防，其设计内容包括顾客人身与财物安全、食品原料安全和服务过程安全等。

二、中餐主题宴会设计的操作程序

（一）获取信息

宴会设计需要获取大量的信息。获取信息的途径和方法有很多，有顾客提供的，有主动收集的，各种信息都要准确、真实，不可模糊。其主要包括以下五个方面的内容：

（1）宴会主办单位或个人的要求。在设计过程中应主动与主办单位交换意见，了解具体要求，商量和修改设计方案。

（2）宴会标准及规模。即宴会人均消费或每桌筵席的标准，这是宴会成本设计的前提和基础，也是决定宴会设计档次和水平的重要因素。宴会规模的大小决定了在场地安排、菜点制定、服务方式、整体布局等方面的差异。

（3）进餐（赴宴）对象。要充分了解主人的设宴意图，来宾的兴趣爱好，其他人员的有关情况，然后才能进行有针对性的设计，尽可能满足绝大多数人的宴饮要求。

（4）开宴时间。落实具体的开宴时间、持续时间。

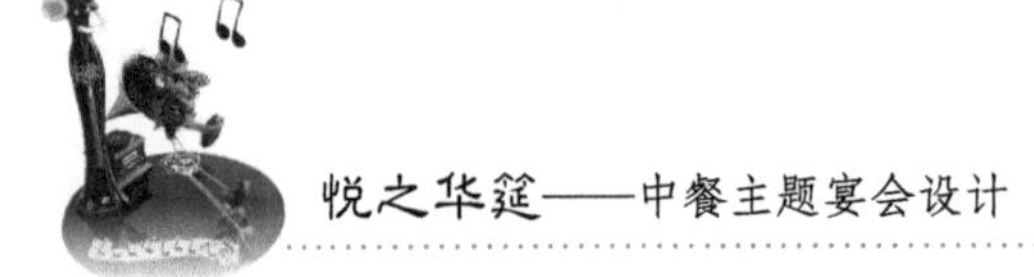

（5）酒店条件。这是宴会设计的限制性因素，包括人的因素（人数是否够用、业务技术情况等）、物的因素（餐厅面积、布局情况、各种用品数量与状况等）。

（二）分析研究

（1）要全面、认真地分析研究信息资料，构思如何在宴会实施过程中突出宴会主题，满足顾客的要求。

（2）设计方案要切合实际，符合已经掌握的信息要求。

（3）设计要有创意。既要实事求是，联系实际，又要解放思想，大胆突破陈旧模式，在宴会形式和内容上有所创新。

（三）制订草案

草案可由一人负责起草，综合多方面的意见和建议，形成一套详细、具体的设计方案，交由主管领导或主办单位负责人审定；或制定出二至三套可行性方案由相关人员选定。草案可以是口头的，也可以是书面的，视宴会的等级、规模、影响力等因素而定。

（四）讨论修改

要征求主办单位负责人或具体办事人员的意见，并对草案进行修改，尽量满足主办单位提出的合理要求。

（五）下达执行

宴会设计方案完成并通过后，就应严格执行。方案下达形式可以是召集各部门负责人开会，或将设计方案打印若干份，以书面的形式向有关部门和个人下发，详细介绍设计方案，具体交代任务，敦促落实执行。

三、中餐主题宴会设计人员应具备的知识

（一）餐饮服务知识

宴会设计师应具有丰富的餐饮服务经验，通晓餐饮服务业务，掌握规律，切合实际，便于指导服务人员的操作。

（二）饮食烹饪知识

一套筵席菜单中的各类菜品一般不少于20种，菜品又是从成百上千道菜中精心选配而成的。因此，宴会设计师要掌握大量的菜肴知识，其中包括每道菜的用料、烹调方法、味型特点等，并要熟知不同菜点组合、搭配的效果。

（三）成本核算知识

宴会是一种特殊的商品，必须先和客人谈定宴会价格标准（包括宴会质量要求），然后根据价格提供产品。因此，宴会设计师应掌握成本核算知识，对宴会所付出的直接成本和间接成本做出科学、准确的核算，以确保酒店正常盈利。

（四）营养卫生知识

宴会菜肴应讲究营养成分的科学组合。宴会设计师必须了解各种食物原料的营养成分状况、烹调对营养素的影响、各营养素的生理作用，以及宴会菜肴各营养素的合理搭配和科学组合等知识。

（五）心理学知识

顾客由于其年龄、性别、职业、信仰、民族、地位等各不相同，文化修养、审美水平各异，对宴会的消费心理也各不相同。了解、摸清不同顾客的

心理追求，具有相当大的难度。正因如此，必须掌握一定的心理学知识，摸准顾客的消费心理，投其所好，尽量满足顾客的心理需求。

（六）美学知识

宴会设计要考虑时间与节奏、空间与布局、礼仪与风度、食品与器具等内容，这些无不需要美学原理作指导。每一场宴会设计，实际上都是一次生活美的创造。宴会设计师应对宴饮活动中所涉及的各门类美学因素进行巧妙的设计与融合，形成一个综合的、具有饮食文化特色且充满美学意蕴的审美活动。

（七）文学知识

食者未尝其味而先闻其声，一个好的菜名，可以起到先声夺人的效果。给菜肴命名需要有一定的文学修养。除了菜肴命名外，许多菜肴的民间传说也饱含着浓厚的文学色彩，在宴席上通过服务员巧妙的解说，会起到烘托宴会气氛的作用。

（八）民俗学知识

“十里不同风，百里不同俗”，宴会设计要充分展示本地的民风民俗，同时也要照顾参宴者的生活习俗和禁忌，切不可冲犯。

（九）历史学知识

探讨饮食文化的演变和发展，挖掘和整理具有浓郁地方历史文化特色的仿古宴（如研制“仿唐宴”），必须对历史、社会生活史有一定的了解，并结合出土文物和民间风俗传承，这样才能设计出一套风格古朴、品位高雅的宴席来。

（十）管理学知识

宴会方案的设计与实施是一个管理问题，它包括人员管理（人员合理

安排、定岗、定责等）、物资管理（宴会物资的采购、领用、消耗等）、现场指挥管理等。宴会设计师必须了解管理学的一般原理，餐饮运行的一般规律，以及宴会的服务规程。

第三节　宴会主题的来源及类型划分

作为餐饮业的流行趋势，主题宴会已经越来越受到宴会主办方和承办方的青睐。各种精心别致、独具匠心的宴会主题设计不仅凸显了承办方的设计和运作能力，也可给主办方带来耳目一新、贴心舒适的宴会享受。因此，宴会主题的创意和设计在宴会活动中占有越来越重要的地位。

宴会的主题多种多样，没有一成不变的程式。要将宴会活动设计得别出心裁，需要在满足宾客基本需要的情况下对主题进行深入挖掘。

依据不同的划分方法可以将宴会主题分为不同的类型。其中设计来源是决定主题的重要因素，从目前的发展状态来看，主题来源一般可以划分为八大类，23种不同的主题。

一、地域民族特色类主题

地域民族特色类主题，其来源包括独特地域的风土人情、地区文化、地方事物及少数民族风情等，如运河宴、长江宴、长白宴、岭南宴、巴蜀宴、壮乡宴等。它又包含以下几种不同的主题类型：

（1）以地域民风民俗及地方文化为主题；

（2）以地域代表性自然景观为主题；

（3）以地域文化及其景观为主题；

（4）以特定民族风情为主题。

这类主题特色鲜明，文化挖掘难度较小，比较容易抓住设计的灵魂，较

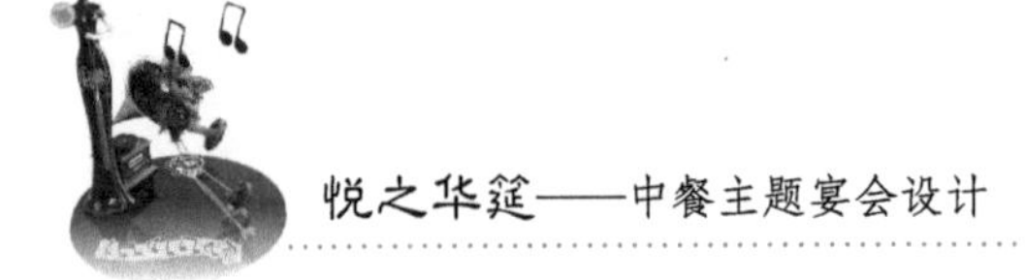

好地凸显设计方的想法。但是正因为地域文化的广泛覆盖性，其与餐饮文化的契合点也存在多样性。因此，以地域特色为主题进行宴会设计时，需要进行细致的考究，使地域特色与餐饮文化形成完美的契合。

二、历史材料类主题

我国拥有几千年的文明史，历史文化资源非常丰富，这为我们进行主题宴会设计提供了大量且优质的史料素材。这类主题既可以突出特色，又可以彰显我国优秀的历史文化。此类主题的选取点可以是古今文化景观、著名历史人物、典型文化历史故事、经典文学著作、宫廷礼制等，如乾宴、孔子宴、三国宴、水浒宴、宫廷宴等。这类主题所包含的类型较多，大体可以划分成下列几类：

（1）以古今著名文化及其景观为主题；

（2）以著名历史人物为主题；

（3）以经典文学著作与历史故事为主题；

（4）以宫廷礼制为主题。

对史料类主题的巧妙设计可以给人带来不同寻常的文化享受，能够凸显设计者独特的审美视角和文化功底。但是，这类主题的选取点要合理、科学，并不是所有古代的东西均适合作为宴会的主题，需要进行仔细甄选和鉴别。体现主题的要素要具有典型性，切忌生搬硬套，导致所设计的主题沦为一堆模型的堆砌而无新意可言。

三、人文情感和审美意境类主题

此类主题是借助餐饮的形式来表达人的情感意志，它关注的是人与人之间的情感表达和人的审美情趣，寓情于景，既给人以视觉上美的享受，又能引起观者的情感共鸣。其主题设计的选取点有某种审美意象所寄托的事物、

人的审美情趣、特殊的人际关系等。这类主题又可以细分为以下三种主题类型：

（1）以对具体事物的赞美为主题；

（2）以某种抽象的审美情趣为主题；

（3）以表达人与人之间的某种情感为主题。

四、食品原料类主题

食品原料的来源极其广泛，对食品原料进行深入挖掘，将其特色进行多样化的呈现，可以给人以耳目一新的感受，如野菜宴、镇江江鲜宴、安吉百笋宴、云南百虫宴、西安饺子宴、海南椰子宴、东莞荔枝宴、漳州柚子宴等。此类主题又可以细分成以下两种主题类型：

（1）以季节性食品原料为主题；

（2）以地域特色性食品为主题。

食品原料类主题的宴会，其选取的食品原料要具有地方或季节特色，食品原料的利用价值不仅要能够支撑起一桌主题宴会的分量，而且还要具有一定的文化内涵。如若只是一味盲目跟风，对食品原料的特性和烹制方法研究得不够深入，文化渊源挖掘不彻底，就会导致所设计的主题宴空洞无物、单调乏味，缺乏支撑性。

五、营养养生类主题

这是近年来刚刚兴起，但越来越受关注的一种主题宴会形式。其主题源于不同的养生方法或养生文化与餐饮业的融合，如健康美食宴、中华药膳宴、长寿宴等。此类主题大致又可细分成以下两种类型：

（1）以某些养生食品为主题；

（2）以特定养生理念为主题。

养生主题的宴会能够吸引消费者的眼球，给设计者带来可观的经济收益。但是，设计过程对主题的挖掘要建立在科学的基础上，对于养生的方法和食材要有比较权威和科学的把握。除此之外，宴席的布置要与养生的主题相吻合，无论是所用器具的质地还是造型与色彩，都要与养生的主题相呼应。

六、节庆及祝愿类主题

此类主题来源广泛，特点鲜明，其选取点可以是中西节庆活动，也可以是某种大型的庆典活动以及对于生活的美好祝愿等，如春节、元宵节、情人节、母亲节、中秋节、圣诞节以及饭店挂牌、周年店庆等。此类主题又可以细分为以下几种类型：

（1）以中西节日为主题；

（2）以大型庆典活动为主题；

（3）以对生活的美好祝愿或期望为主题；

（4）以对人的美好祝愿为主题；

（5）婚宴类主题。

这类主题宴会的使用较为广泛，且具有一定的周期性，可重复利用，其运作过程较易控制。但是，设计过程中要认真细致，注意各种节庆和庆典活动中特定的标志物、公认的礼仪规制以及操作程序，切忌因为对节日庆典活动的特色和规格认识不足而贻笑大方。当然，在把握好主方向的前提下，独特的切入点和创造性的设计是使这类主题大放异彩不可或缺的重要因素。

七、休闲娱乐类主题

这类主题来源于人们所热衷的某种休闲运动或娱乐活动，是生活方式与美食的完美结合，非常贴合现代人的生活要求，如歌舞晚宴、时装晚宴、魔

术晚宴、影视美食、运动美食等。这类主题又可以划分为以下三种类型：

（1）以某种娱乐节目为主题；

（2）以某些特色运动项目为主题；

（3）以某种时尚生活方式为主题。

这类主题是为迎合现代人的喜好而诞生的，较易受到人们的喜爱。但是，在挖掘的过程中要注意所选取的事物与餐饮的契合，过渡要自然，切忌生搬硬套。

八、公务商务类主题

这类主题来源于社会生活中所发生的公务性重大事件，设计者希望通过对主题的设计，或者表达对事件的关注，或者达到事件营销的目的，如奥运宴、答谢宴、迎宾宴等。此类主题又可以细分成以下两种类型：

（1）以某种重大事件为主题；

（2）以商务宴请为主题。

除上述八种主题类型以外，主题的来源还可以是多方面的。多彩的社会生活为我们进行主题创意提供了丰富的设计源泉，随着主题宴会的进一步发展，主题设计的来源必将得到进一步的丰富和完善。

第二章　中餐主题宴会设计作品

第一节　2017年作品展示与解析

一、作品之“流觞曲水”

（一）作品简介

“流觞曲水”荣获2017年全国职业院校技能大赛高职组中餐主题宴会设计赛项三等奖，2017年辽宁省职业院校技能大赛高职组中餐主题宴会设计

赛项一等奖（第一名）；由本书作者负责主题创意设计及台面设计、摆台操作、餐饮服务操作、互评指导。

（二）主题创意说明

“曲水流觞”的典故出自东晋时期著名书法家王羲之所组织的兰亭饮宴，它是风雅别致、深受文人欢迎的酒令，充分体现了中国特色的酒文化。传说王羲之在三月初三偕亲朋好友在兰亭修禊后，举行饮酒赋诗“曲水流觞”活动，众人按序安坐于潺潺流波之曲水边，置盛满酒的杯子于上流使其顺流而下，酒杯止于某人面前即取而饮之，再乘微醉或啸吟，做出诗来。若吟不出诗，则要罚酒三杯。王羲之乘兴挥笔，写下了举世闻名的《兰亭集序》，成为千古佳话。而当代人常借用此典故，将古时举酒转为品茗情趣，模拟古时文人雅事，既有趣又风雅。这一儒风雅俗，一直流传至今。古为今用是本次主题设计的指导思想。

本次主题宴会借用“曲水流觞”的典故，用以诠释和表达情趣相通的诚挚友谊，以此为设计目的，表达当代人追求高雅意境以及高远闲适的美好愿望。知己相逢，可一同春日沐雨，夏日观荷，秋日采菊，冬日听雪；可一起品茗论诗，泛舟联句，流觞作赋，一醉方休。海内存知己，天涯若比邻。为探访心灵神通，精神契合的友人，何妨跨越重重高山，涉过潺潺流

水，旨在到达期盼已久的彼岸。远风送来清远幽然的花香，枝头有雀鸟轻盈展翅，于是在这屋檐下，摆一桌风雅盛宴，与知己共话人生，设计灵感自此产生。

（三）设计元素解析

台面中心设计营造的是“曲水流觞”场景。餐台中心采用透视手法，通过镂空屏风围绕一幅山水笔墨画进行造景，巍巍高山、潺潺流水，独具匠心地体现了本次宴会的主题。些许鲜花和绿植的点缀，更增添了餐桌的灵性和生动。沿着水景，餐台上依次摆放三个古代人物摆件、精致荷叶、陶瓷酒樽，造型各异、栩栩如生。三人静静地等待酒杯沿着流水推送到面前取杯饮酒，吟诗作赋，方寸之间造出挥洒自如的意境。整个台面犹如一幅美丽的画卷，清新脱俗，别有一番风味，让参宴者体会到“曲水流觞”的静雅之妙，使日常浮躁的心灵得以回归清灵。

为了配合主题设计，棉质台布选用沉稳又雅致的咖色与白色相搭。咖色又名大地色，不仅增加了曲水流觞的韵味，又与宴会主题十分吻合。白色好似宣纸的颜色，使整个台面如高山流水般充满了人文气息。椅套亦选用白色，椅背印有主题元素图案及主题名称，与台布交相呼应。餐巾折花选用盘花，造型舒展美观。主人位的餐巾折花采用了竹笋花型，象征着中国古代文人所具有的铮铮傲骨；卷轴型盘花好似书卷，典雅大方，与主题气质一脉相承。

餐具选用仿汝窑瓷器，富有典雅之感，使整个台面富有文化性和观赏性。白色餐具与浅咖色口布巧妙搭配，可为参宴者带来舒适清新之感。杯具选用玻璃高脚杯，既显挺

拔和高耸，又显通透和典雅。木质筷子的选用使台面富有自然、质朴的气息。筷套与牙签套选用高档铜版纸打印，图案和色彩和谐融洽。菜单选用新颖别致的酒樽造型，使整个台面更具艺术感和中餐韵味，同时亦可供参宴者作为珍藏品携带欣赏，意在向宾客进行永续营销。

在选手服装设计上，选用素雅的黑白色旗袍，使得参宴者在深邃的文化底蕴中能够找寻到一丝灵动与活力，与整个台面色彩及氛围十分契合。

（四）宴会菜单设计

1. 冷菜

流沙时蔬卷　　觞具山药泥

曲意酱牛肉　　水醒鸟贝芹

2. 热菜

石榴烧海参　　海盐烤鲍鱼

姜葱炒飞蟹　　芝士焗海虾

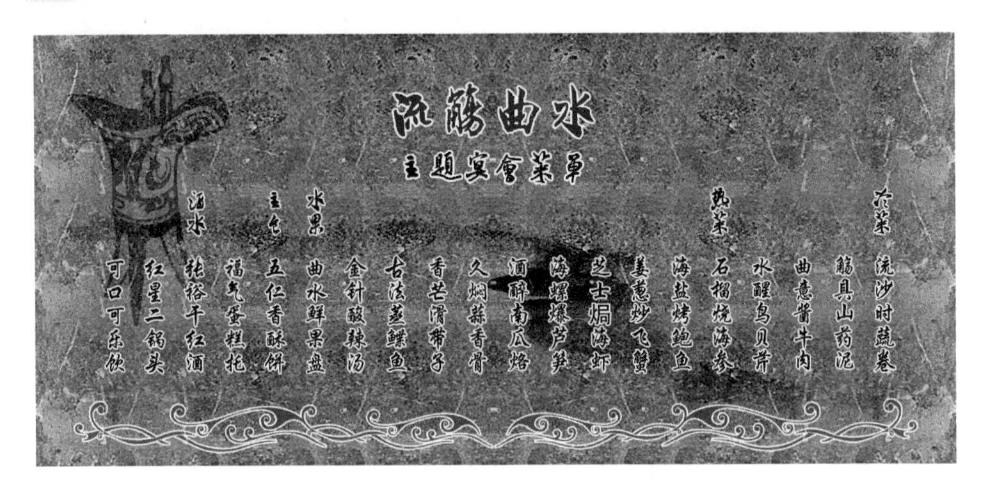

海螺爆芦笋　　酒醉南瓜烙

久焖蒜香骨　　香芒滑带子

古法蒸鲽鱼　　金针酸辣汤

3. 水果

曲水鲜果盘

4. 主食

五仁香酥饼　　福气蛋糕托

5. 酒水

张裕干红酒　　红星二锅头

可口可乐饮

（价格：288元/位）

（五）宴会菜单说明

“流觞曲水”主题宴会菜单设计采用中式传统佳肴与现代菜肴融合为主线。食谱设计选料广博，烹调方法多样，口味丰富，色彩绚丽，注重营养平衡。三大宏量营养素配比合理，主食粗细粮搭配，副食色彩艳丽，烹调方法涉及炒、爆、蒸、红烧等多种技法，配以适量的酒水使得此宴会更加丰富

多彩。动物性原料丰富，适量补充人体必需的优质蛋白；蔬菜中的根、茎、叶、花、果等品种齐全，提供大量的膳食纤维；另外还有丰富的植物蛋白，菜品的烹调方法得当，提供了大量的维生素及矿物质。此宴会菜单色、香、味、形俱佳并且数量适度，能够做到科学搭配、酸碱平衡，达到了营养平衡的膳食要求，适于大多数人的需要。总之，本次主题宴会从菜单设计到就餐用具都充分体现了中式传统宴会之特色。

宴会毛利率为55%，其中凉菜占成本的19%，热菜占63%，主食水果占18%。宴会成本=销售价格×（1–销售毛利率）=129.6元/位。

二、作品之“乐之华筵”

（一）作品简介

“乐之华筵”荣获2017年辽宁省职业院校技能大赛高职组中餐主题宴会设计赛项二等奖；由本书作者负责主题创意设计及台面设计、摆台操作、餐饮服务操作、互评指导。

（二）主题创意说明

音乐，是人们生活重要的组成部分，它可以连接人与人之间的情感。如同饮食一般，音乐有着让各国人民欢聚一堂的魔力。伴随着曼妙的音符，我们将迎来一场颇具韵味的舌尖上的音乐盛宴。

“乐之华筵”主题宴会以民国风怀旧主题为设计初衷，巧妙借助音乐表达情感，为现代都市工作女性量身订制。现代女性自信独立，像花一样绽放在人世间。她们对美与幸福有自己的见解，在奋斗打拼的同时也懂得经营感情、享受生活。工作之余，她们会约上闺蜜好友，寻一处雅致之处，小酌浅饮，做最放松、惬意的女人。于是，我们邀约赏宴的花样女人们来一场关于美的穿越之旅，透过流年的纱幔，穿过记忆的薄雾，回到民国时期，与著名的才女们进行穿越时空的思想交流和艺术赏析，感受当时特有的艺术气息和浪漫情怀，设计元素自此产生。

（三）设计元素解析

为迎合岁月流逝、淡然超脱的意境，这款台面在色彩设计上以沉稳大气的黑色和香槟金色为主打基调，黑色纯朴自然，香槟金色高贵典雅。二者搭配，既显示出设计主题氛围的庄重，又透露出朴实与简洁、典雅与大方。

宴会整体设计体现了民国时

期中西合璧、兼容并蓄的文化特征，它是中国传统文化与西方现代文化的有机结合。台面中心装饰物以一民国时期的树脂少女摆件为主，人物造型优雅端庄，精致立体，韵味十足。台面中心的黑色圆形底座好似黑胶唱片，与复古留声机摆件巧妙结合，仿佛瞬间将我们带回到民国时代，共同感受流逝的岁月。留声机内独特的插花造型好比五线谱，其上音符雀跃，曼妙灵动，寓意歌声如鲜花一样美，整体形成一幅活色生香的生活立体画。

餐台选用白色高级骨瓷质餐具，印有金色花纹图案，再配以金色筷子、金色柄勺和筷架，彰显尊贵与古典的传统文化，透出怀旧之情。台布、口布和椅套的黑金色缎面材质搭配凸显了民国时期高贵、华丽的质感，与宴会主题相得益彰。宴会选用镀金座位牌作为主题牌，设计精良，独具匠心。宴会菜单选用立体贺卡式，红色代表艳丽，金色象征高雅，配有音乐元素，与主题遥相呼应。

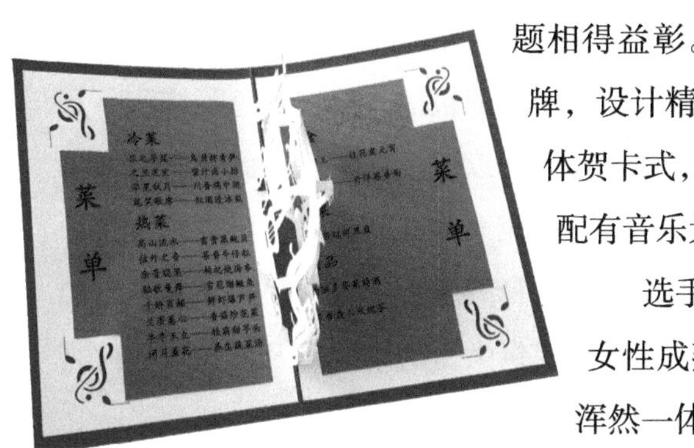

选手服装选用浅黄色丝绸旗袍，彰显女性成熟端庄，知性优雅，与宴会主题浑然一体。

（四）宴会菜单设计

1. 冷菜

乐之华筵——乌贝拌青笋　　之兰芝室——蜜汁卤小排

华星秋月——川香鸡中翅　　筵笑歌席——红酒浸冰梨

2. 热菜

高山流水——富贵蒸鲍贝　　弦外之音——茶香牛仔粒

余音绕梁——枸杞烧海参　　轻歌曼舞——雪花熘鳜鱼

千娇百媚——鲜虾爆芦笋　　兰质蕙心——香菇炒花菜

亭亭玉立——挂霜甜芋头　　闭月羞花——养生蔬菜汤

3. 主食

如花似玉——桂花煮元宵　　路满芳华——开洋葱香面

4. 水果

寻觅芳踪鲜果盘

5. 酒品

绚丽多姿葡萄酒　　芳香袭人玫瑰茶

（价格：288元/位）

（五）宴会菜单说明

“乐之华筵”主题宴会菜单设计采用中式传统佳肴与现代菜肴融合为主线。菜肴名称与主题遥相呼应，冷菜四款雅名为藏头组合“乐之华筵”，给人以典雅之感。全部营养素搭配合理，主食粗细粮搭配，副食色彩绚丽，烹调方法涉及炒、爆、蒸、挂霜等多种方法，配以适量饮料使得此宴会更加丰富多彩。水产品及动物性原料丰富，适量补充人体必需的优质蛋白；蔬菜中的根、茎、叶、花、果等品种齐全，提供大量的膳食纤维；另外还有丰富的植物蛋白，菜品的烹调方法得当，饮品中提供大量的维生素及矿物质。此宴会菜单色、香、味、形俱佳并且数量适度，能够做到科学搭配、酸碱平衡，达到了营养平衡的膳食要求，适于大多数人的需要。总之，本主题宴会从菜单设计到就餐用具都充分体现了中式传统宴会的特色。

宴会毛利率为55%，其中凉菜占成本的19%，热菜占63%，主食水果占18%。宴会成本=销售价格×（1–销售毛利率）=129.6元/位。

第二节　2016年作品展示与解析

一、大连市职业院校学生技能大赛中餐主题宴会设计赛项获奖作品[①]

（一）作品之“词情话伊”

1. 主题创意说明

宋代是中国古代经济发展史上的高峰时期、中国历史饮食文化发展的炽热时期，也是极其富有历史文化底蕴的重要时期。

宋词是中国古代文学皇冠上一颗璀璨的明珠，她万紫千红、千姿百态，与唐诗争奇，与元曲斗艳，代表着一代文学之盛。时至今日，宋词仍在陶冶人们的情操，给人们带来艺术上的享受。古为今用是本次主题设计的指导思想。

本次主题宴会设计创意源自宋代词人辛弃疾的一首代表作《青玉案·元夕》——“蓦然回首，那人却在，灯火阑珊处”。

这首词的上半阕写正月十五的晚上，满城灯火尽情狂欢的景象；下阕仍在写“元夕”的快乐，且一对意中人在大街巧遇的场景。上阕写的是整个场面，下阕写的却是一个具体的人，通过他一波三折的情感起伏，把个人的欢乐自然地融进了节日的欢乐之中。王国维在《人间词话》中曾举此词，以为古今之成大事业、大学问者，“众里寻他千百度，蓦然回首，那人却在，灯火阑珊处”为最终最高之境界，代表中国文化的精神层面。

“元夕”顾名思义，意为“元宵节”。词人通过渲染元宵佳节热闹的

---

① 指导团队：大连职业技术学院酒店管理专业教研室；总负责人：曾丹；参赛选手：大连职业技术学院2014级酒店管理专业学生；比赛时间：2016年10月28日；比赛地点：大连香洲花园大酒店。

景象，表达出主人公偶然间回眸发现自己的心上人站立在灯火阑珊处的喜悦之情。

一首优雅婉转、细腻柔美的词，寄托着词人的别样思绪。凤箫声动，玉壶光转，令人回味无穷，充分地体现了宋词的精髓。宋词、美景、伊人赋予了此主题灵感，设计元素自此产生。

2. 设计元素解析

台心装饰物设计采用了富有中国传统文化特色的书法元素，用行楷书写出《青玉案·元夕》这首词，作为展示载体，营造了一种婉韵、隽秀的视觉冲击。

美器之美在其质、在其形、在其和谐。因此，本台面采用契合主题的装饰摆件和瓷器，营造主题意境。主题造景采用了白瓷伊人为主体，白瓷采用德化天然的高岭土为原料，瓷质细腻，无污染，环保时尚。伊人面部表情丰富精致，将花前月下的女子刻画得生动美丽，羞涩古韵的女孩让人喜欢得难以忘怀，正迎合了“那人却在，灯火阑珊处”的美好景象。周围布有特色古典建筑模型工艺品、九鸾凤钗书签、印章、印泥、插花等进行装饰。

在这幅富有浓浓韵味的美景

中，作品采用颇具笔墨气息的黑石作为底座，上面辅以造型优雅的伊人和古典建筑模型来营造一种古典意境美。手写词作为展示载体，将“词”与“伊人”相结合，用宋词中所融入的独特情感来诉说伊人的美，突出“词情话伊”的主题思想。插花的独特造型作为背景，更加突出了伊人的美妙姿态，渲染出一种人美、词更美的古香古色氛围。

台面餐具采用了镶有浅灰色花边的白色瓷器，既有古典雅致，又有人文巧思，与主题结合，体现形式美、意境美、笔墨美。瓷器造型简洁大方、尺寸适宜、整体协调，与挺拔秀美的水晶酒杯相结合，更加彰显主题的文化色彩，营造饮食文化氛围。

为顺应这首词的意境，台面在色彩设计上采用了以沉稳大气的灰色、米色为主打基调，视觉效果给人营造出一种浓重的文化底蕴。白色桌盖印有中国南方建筑特色图案，既使整个台面整体显得更加立体，又显示出设计主题的初衷，由景生情，透露出朴实与简洁、典雅与大方。口布采用了与桌盖同样的质地、颜色、花纹。餐巾折花的花型造型美观，突出主人与主宾位置，独特实用的造型美化和点缀餐台，设计独具匠心；椅套色彩与整体搭配和谐，椅背上面印有体现中国文化的水墨图案，既有古诗词的韵味，又象征了女子曼妙身姿，突出了中国文化的古香古色，且迎合了“词情话伊”主题。

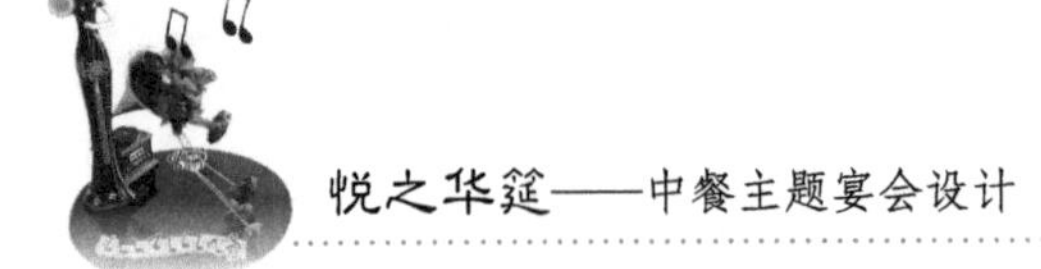

主题牌的设计在凸显主题的同时，采用了传统摆件，用檀香木刻字为主题增添了文化气息，也为用餐客人带来了阵阵香气，让来宾沉浸在祝福新人永结同心、百年好合的浪漫氛围之中。菜单设计采用宋代服饰作式样，符合沉稳优雅的主题内涵。色彩上与餐台整体色调相呼应，与台面展现的主题一致，同时具有可在实践中广泛推广的优势。

在选手工装设计上，选用淡雅的灰色旗袍，着装与台面交相辉映，相得益彰。

3. 宴会菜单设计

冷菜

词华典瞻——乌贝拌青笋　　情深义重——蜜汁卤小排

画意诗情——川香鸡中翅　　伊人笑语——红酒浸冰梨

热菜

东风入律——富贵蒸鲍贝　　火树银花——茶香牛仔粒

灿若星辰——鲜虾爆芦笋　　路满芳华——挂霜甜芋头

鱼龙夜舞——雪花熘鳜鱼　　玉壶光转——养生蔬菜汤

主食

暗香盈袖——桂花煮元宵　　风箫声动——开洋葱香面

水果

寻觅芳踪——词情鲜果盘

酒品

百转千回——张裕干红酒　　蓦然回首——红星二锅头

灯火阑珊——可口可乐饮

（价格：288元/位）

4. 宴会菜单说明

“词情话伊”主题宴会菜单设计采用中式传统佳肴与现代菜肴融合为主线。菜肴名称与主题遥相呼应，冷菜四款雅名为藏头组合“词情话伊”，热菜及其他餐品雅名均化用宋词《青玉案·元夕》，给人以典雅之感。全部

营养素搭配合理，主食粗细粮搭配，副食色彩绚丽，烹调方法涉及炒、爆、蒸、挂霜等多种方法，配以适量饮料使得此宴会更加丰富多彩。水产品及动物性原料丰富，适量补充人体必需的优质蛋白；蔬菜中的根、茎、叶、花、果等品种齐全，提供大量的膳食纤维；另外还有丰富的植物蛋白，菜品的烹调方法得当，饮品中提供大量的维生素及矿物质。此宴会菜单色、香、味、形俱佳并且数量适度，能够做到科学搭配、酸碱平衡，达到了营养平衡的膳食要求，适于大多数人的需要。“词情话伊”主题宴会从菜单设计到就餐用具都充分体现了中式传统宴会的特色。

宴会毛利率为55%，其中凉菜占成本的19%，热菜占63%，主食水果占18%。宴会成本=销售价格×（1−销售毛利率）=129.6元/位。

（二）作品之“春语”

1. 主题创意说明

春，一个多么美的字眼儿！遍地的花儿，红的像火、粉的像霞、白的像雪。春风拂过，带着新翻的泥土的气息，混着青草味儿；鸟儿高兴起来唱出婉转的曲子。它们都在用自己独特的方式，在这里汇演自然而神奇的活力。而生活在这个繁杂世界中的我们，是否也会对此情此景有所期许？正如梁实秋《雅舍小品·书房》中所写的那样：“环境优美，只有鸟语花香，没有尘嚣市扰。”那么就让我们一起踏进这鸟语花香的世界吧！

春光明媚，自然世界此刻是如此美丽，到处放射着明媚的春光，到处炫耀着无言的色彩，到处飞扬着莺莺细语，到处飘荡着令人陶醉的春光。这是绿的世界、花的海洋、鸟的天堂！

2. 设计元素解析

首先，在台布的选择上，以翠绿色作为底色，如此设计不仅为整个台面增加了春的气息，同时也让整体充满了活力。而桌盖布料选用的白色既像是天空中漂浮的朵朵白云，又像是早春时还未完全消融的皑皑白雪。二者结合在一起营造出冬去春来的动人美景。

其次，在餐具的选择上，选用的是镶嵌金色花边的白色瓷器。金色线条勾勒出鸟儿的翅膀，而白色则如那春日万里无云湛蓝的天空。鸟儿们在空中翱翔、嬉戏，俯瞰着春日的无限风光。筷架选用的也是金色的银器再配以同款的银勺，凸显了春日艳阳的灿烂之光。而三套玻璃器皿除了本身的素雅之外，在杯肚上用一圈金色的花纹作为装饰。同样，金色就好比一只衣着华丽的鸟儿在品饮那杯中美酒，给春日又带来一份闲情雅致之感。

再次，口布选用的是与底层桌布交相辉映的翠绿色。主人位的口布折花翠叶挺立，不仅凸显了主人的尊贵，更体现了春的勃勃生机。而副主人位则是两片翠绿的叶子，大气而又不失典雅。其他杯花用春芽四叶作为衬托。嫩芽不仅象征着活力与希望，更是代表一种向上的力量。

餐台中心首先映入眼帘的是花团锦簇、百花争艳的景象，再配以苍翠的绿掌作为点缀，象征着大展宏图以及远大的抱负。它们有的花露满枝，有的含苞初绽，有的昂首怒放，形成了一条弯曲的花河，好似早春时节冰雪初融后的一江春水，向前慢慢流淌，把

春的诉说传遍了人间的每一个角落。当你走近就会发现原来在那繁花嫩叶中还有两只正在四处寻觅的鸟儿。它们时而低声细语，时而嗅嗅花香，好不热闹。微风拂过，一缕沁人心脾的花香，另一只鸟儿露出了惊奇的目光，转而对它的同伴低语了几句便展开双翅准备去一探究竟。

最后，雪白的椅套配以绿色和金色的丝带，寓意冬去春来后在这广袤肥沃的土地上春的乐章慢慢奏响。绸带上又以翩翩起舞的蝴蝶作为装饰，给大地带去了生机。垂下的丝带更是为春增添了一分灵动。整个餐台无不彰显出春意的盎然。

3. 宴会菜单设计

冷菜

春语冷拼盘

甜品

中式苹果派

热菜

香葱烧海参　　花菇炖鸡盅

蚝汁大连鲍　　芝士酿蟹斗

椒盐烤海虾　　XO酱爆芦笋

久香猪寸骨　　鲜果炒玉带

火夹蒸鳜鱼　　海鲜粟米羹

主食

鲜水果蛋糕　　咸椒盐酥饼

水果

春色鲜果盘

酒品

飞天茅台酒　　百年窖干红

绿色调和酒

4. 宴会菜单说明

“春语”主题宴会菜单设计采用传统菜肴与现代菜肴融合的模式。食谱设计选料广博，烹调方法多样，口味丰富，色彩绚丽，注重营养平衡。三大宏量营养素配比合理，主食粗细粮搭配，副食色彩艳丽，烹调方法涉及炒、爆、蒸、炸、红烧等多种技法，配以适量饮料使得此宴会更加丰富多彩。大连特色水产品及动物性原料丰富，适量补充人体必需的优质蛋白；蔬菜中的根、茎、叶、花、果等品种齐全，提供大量的膳食纤维；另外还有丰富的植物蛋白，菜品的烹调方法得当，饮品可提供大量的维生素及矿物质。酒水以象征热情好客的红酒与富有古典韵味的白酒相搭配，仿佛让人嗅到如酒香四溢般令人陶醉的清新味道。此宴会菜单色、香、味、形俱佳并且数量适度，能够做到科学搭配、酸碱平衡，达到了营养平衡的膳食要求，适于大多数人的需要。主题迎宾宴从菜单设计到就餐用具都充分彰显了大连特色，融合了中西方文化，体现了南北结合、口味互补之特色。

（三）作品之“简”

1. 主题创意说明

简，是一种生活态度，是一种生活方式，更是一种生活智慧。你的心灵有多久没有做减法了？简单地生活，静静地享受美好，才是生活的真谛。

悠然惬意的生活应是：只闻花香，不谈悲喜；喝茶读书，不争朝夕。清茶好书，以适幽趣。一盏清茶、一本好书、一株好花，知己们在书斋中不言是非，也不涉名利，只为闲谈古今，笑语连连。繁华的尘世，今天所有需要等待、守候的事物，显得如此难得……暂时远离那尘世的喧嚣，一只合手的杯子，一个驻足的故事，一缕自然的花香，一个明媚的午后，一份自由自在，足矣……

2. 设计元素解析

白色台布，沉静简约，它便是“简”主题宴会最好的底色。台面中心装

饰物以简约的黑色长方石盘为底座，上面放置木本色的竹筒、小巧精致的插花、翠绿色牛角状花器，造型新颖别致，简约又不简单。整个台面设计以绿色、白色、黄色为主色调，色彩柔和，清新自然。一切妥帖布局，呈现极致之美，充分体现简约造就纯粹之美，充分映衬主题“简”。该作品向往的正是这份当下的祥和、宁静、安闲、美妙的心境，这种心境纯净无染、淡然豁达、无拘无束、坦然自得。

（四）作品之“素妍”

1. 主题创意说明

忙碌的都市生活中，人们在工作之余总是向往走进一间环境幽雅的素厅，点一首动听的曲子，翻阅一下古诗，走进自己内心的素雅世界。步入素食餐厅就已经把城市的喧嚣抛在身后，把心情放慢些，让思绪静下来，素食餐厅洗去了来客的一身尘嚣，不觉在转身中，心绪平静下来，随顺姻缘，落定净土，虽处于闹市，却犹如置身世外桃源。现代越来越多的人选择素食餐厅，这里提供“本源、自然、健康、真味”的健康蔬菜。

2. 设计元素解析

本主题设计台面以能代表田园诗的白色、灰色、粉色三种为主题颜色。白色代表没有污染，纯洁、淡雅而高尚的情操。一首王维的诗瞬间会使人置身于自然美景当中，象征着万物之源是自然，台布为白色和灰色，象征着天

空和大地。万物之根，崇尚自然之力。台布和口布印有山水图，让客人有悠闲自得之意，并能置身于山水之间，增加了用餐环境的轻松和怡然。

中心装饰物主要以自然元素为主，黑色瓷盘象征着万物之源的大地，以根雕、玉兰花布置出一幅自然和谐的生活画卷，使用餐者心生清凉和惬意。台面中央那一簇簇美丽的玉兰花，有的含苞待放，迎接着这傲人的春天，有的绚烂盛开，享受着春的温暖。伫立在旁边的藤蔓，也似乎跳起舞来，扭动着它的身躯，前来凑热闹。葱郁的草叶围绕在兰、树间，像春风送给大地的礼物。小草儿披上了青绿的霓裳，吸收春的暖气，在春的小路上徜徉，多么美的画面！台面四周朵朵绽放的玉兰花，弯曲交织着，竞相争艳。一草一木，一花一物，带给大地无限的光彩。

3. 宴会菜单设计

凉菜

四季扒时蔬　　如意节节高

热菜

花开素豆排　　香瓜杂菌盅

草菇三色蔬　　南极深海茸

天使在人间　　素锦祥云托

百合素雪螺　　椰羹竹燕窝

主食

金酥马蹄饼　　芋圆红豆香

甜品

芙蓉香芒塔

水果

时令鲜果盘

酒水

经典天之蓝　　张裕解百纳

波士蓝橙酒

4. 宴会菜单说明

菜单内容全部为素菜，好食材可让客人的舌尖悟到本源、自然之味，讲究的食材就像追求更好的正能量，用心让客人用餐更愉快，为客人营造一种意境。

（五）作品之“舞·春”

1. 主题创意说明

春天，充满希望；春天，带来美好。春天是世界一切美的融合，一切彩色的总汇。诗人喜爱吟咏春天，“忽如一夜春风来，千树万树梨花开”。它生动地描述了春回大地、万物复苏的景象。在艳阳高照、春光明媚之时，春的步伐加快了。它的力量尽情释放，惠风和畅，万象更新，绿色逐渐充斥了人们的视野。一切都是新的，到处都是绿，百花竞相开放，五颜六色、争奇斗艳，充满了春的灵性，到处芳香四溢，到处生机盎然！

在这么一个春景如画、春光明媚、万木吐翠，百花争艳的季节里，你会感到在你脚下的泥土里有无数个生命正在悄悄地萌动着，正是这无数个生生不息的生命为大地的复苏孕育满园春色，为春天增添舞动之美，让我们沉醉其中……

2. 设计元素解析

台面创意整体以青草绿色为主打基调，给人以清新、雅致、赏心悦目之感。绿色代表着自然，代表着生命，绿色生活已经成为一种生活时尚。该主题宴会设计突出“春天”与“舞动”两大元素，让宾客在品尝美食的同时，如同置身于春色明媚的音乐世界，在优雅的色彩与韵律中获得自在和惬意。

台面中心装饰物采用艺术插花造型，选用春季的各类鲜花进行巧妙搭配，色彩斑斓，繁花锦簇，衬托出充满生机的春天色彩，让宾客在用餐过程中体会悄然而至的浓浓春意。台面选择青草绿色作为装饰布，上面配以乳白色台布，椅套选择了乳白色，并用精致小巧的蝴蝶结作为装饰，不仅色彩和谐一致，与春天的生机勃勃相呼应，而且更显活泼和自在。口布颜色选择了与装饰布同一色系的青草绿色，与主题色彩谐调一致。主人位的口布花型选择了马蹄莲造型，副主人位花型选择了报春鸟造型，其他客人位花型选择了月季花和蝴蝶花交错搭配，整个餐台呈现出一派春意盎然的美好景象。布草的选用与装饰物搭配默契，更好地渲染了“舞·春”主题。餐具选用白色骨瓷，筷套、牙签套、主

题牌和菜单均采用青草绿色这一主色调元素，给人以清新、雅致的灵动感，与宴会主题再次高度契合。

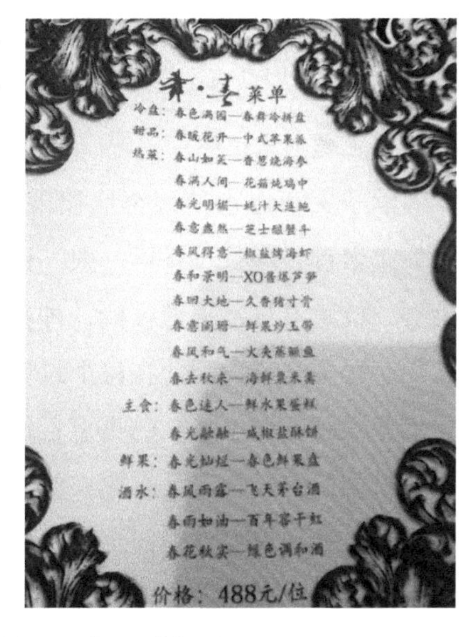

菜单

冷盘：春色满园—春舞冷拼盘

甜品：春暖花开—中式苹果派

热菜：春山如笑—香葱烧海参

春满人间—花菇烧鸡盅

春光明媚—蚝汁大连鲍

春意盎然—芝士酿蟹斗

春风得意—椒盐烤海虾

春和景明—XO酱爆芦笋

春回大地—久香猪寸骨

春意阑珊—鲜果炒玉带

春风和气—火夹蒸鳜鱼

春去秋来—海鲜粟米羹

主食：春色迷人—鲜水果蛋糕

春光融融—咸椒盐酥饼

鲜果：春光灿烂—春色鲜果盘

酒水：春风雨露—飞天茅台酒

春雨如油—百年窖干红

春花秋实—绿色调和酒

价格：488元/位

3. 宴会菜单设计

冷盘

春色满园——春舞冷拼盘

甜品

春暖花开——中式苹果派

热菜

春山如笑——香葱烧海参

春满人间——花菇烧鸡盅

春光明媚——蚝汁大连鲍　　春意盎然——芝士酿蟹斗

春风得意——椒盐烤海虾　　春和景明——XO酱爆芦笋

春回大地——久香猪寸骨　　春意阑珊——鲜果炒玉带

春风和气——火夹蒸鳜鱼　　春去秋来——海鲜粟米羹

主食

春色迷人——鲜水果蛋糕　　春光融融——咸椒盐酥饼

鲜果

春光灿烂——春色鲜果盘

酒水

春风雨露——飞天茅台酒　　春雨如油——百年窖干红

春华秋实——绿色调和酒

（价格：488元/位）

4. 宴会菜单说明

菜单中的菜品设计注重色、香、味、型以及营养、质量的搭配，在菜肴的命名上既体现出中国传统文化的特色，又选用与春天有关的充满意境和祝福的词语，使参宴者能够身临其境、心旷神怡，产生美好、愉悦之感。

（六）作品之“书香”

1. 主题创意说明

学子文章蟾宫梦，杏坛硕果鬓染霜。学海轻舟，苦乐年华，桃李竞芬芳。重聚首，幽谷飞香不一般，诗画满人间，英才济济笑开颜；不计辛勤霜染鬓，桃熟流丹，李熟枝残，种花容易树人难——桃李绕杏坛。此宴会主题适用于校庆宴会，因此在整个设计中力求表达“师恩浩荡不朽杏坛人生，学子情深永驻花样年华”的寓意；体现出“杏坛书香”的感人意境。青草绿和白色搭配简洁素雅，让来宾在浓浓的师生情、同窗情氛围中品尝美食。杏坛书香的主题，深深地唤起那份沉淀在心灵深处的对难忘的青葱校园生活的美好回忆。此主题宴会反映的是浓浓的师生情、同学情以及对母校的眷恋。

2. 设计元素解析

餐桌中的台布、椅套、筷套、牙签套、口布、毛笔架、毛笔、台石等物品均选用了咖色，它传递一种古香古色的气息，创造了一个优雅而清静、古朴而清新的用餐环境。台面中心摆设的毛笔架、竹筒等装饰物共同营造了浓郁的书香气息，给人以静下心来阅读和学习的渴望之情。设计充分将中国元素运用到中餐主题宴会之中，俨然将食客带入一个文化盛宴，呈现出浓厚的传统文化气息。

3. 宴会菜单设计

师爱如清泉——精美三围碟　　细腻且甘甜——小米汁扣辽参

随风潜入夜——过桥老虎斑配牛子骨　　润物细无声——双味大虾配米线

春晖遍四方——极品豆腐配时蔬　　教诲永难忘——虫草花炖娃娃菜

杏坛沐雨露——和子饭配榴梿酥桃　　李沁芬芳——鲜果拼盘

（七）作品之“蓝色之约”

1. 主题创意说明

该作品以婚宴为主题，在传统婚宴设计中融入西方婚典元素，以歌颂爱情为主，呈现出时尚、浪漫、高雅、创意、个性化的特点，深受有国外留学经历的年轻人喜爱和青睐，为国际五星级酒店量身定制，更具特色和婚庆市场的推广性。

2. 设计元素解析

台面设计运用神秘大气、象征浪漫的蓝色和纯洁美好的白色为主色调，给人以强烈的视觉冲击，两者相配更加符合主题内涵。餐具选用白色为主配以蓝色花纹的餐盘，布草选用白色，口布选用蓝色，西式玻璃高脚杯晶莹通透，烘托了时尚、典雅、浪漫的婚宴主题。

台面中心装饰物以白色马蹄莲和绿植造景，水晶质地的小提琴摆件造型新颖别致，寓意爱情纯洁无瑕、永不改变。而台面中央蓝绿相间，唯美浪漫，上述饰品的巧妙结合凸显“蓝色之约”的宴会主题，可谓妙不可言，美不胜收。

（八）作品之“枫丹秋韵”

1. 主题创意说明

古都的香山秋韵，令人无限向往与留恋，古都之秋美如画。秋色给大地披上了色彩斑斓的迷人色彩，要论哪里最能代表秋色的“回味永、色彩浓”，非香山莫属。香山的秋色秋韵最能代表北国之秋的醉人景致，登香山，赏红叶，更是品秋韵、悟人生的乐事。本主题是围绕香山秋韵展开的。秋来了，漫山遍野的黄栌树叶红得像火焰一般。吹一片秋香，细斟秋风秋韵，人们可以在其中感受到金秋的收获成果，并因为果实而心醉。满山红叶，层林尽染、如火如荼，感受金秋红叶的壮美景色，香山红叶的大气磅礴之势淋漓体现。整个台面通过对假山、植物以及枫叶的合理组织，特别是对香山的季节性色彩的利用，为宾客带来了丰富的视觉享受。

2. 设计元素解析

为了突出秋天的收获，采用的是橙红色的台布和米黄色的装饰布，耀眼的橙红色和淡雅的米黄色搭配，很好地诠释了秋天的味道。选用带有象征香山独特韵味的红叶图案的骨碟、汤碗、汤勺等餐具，让人们感觉到的是稳重、大方、成熟。杯具则是选用可以与秋韵相配套的水晶玻璃杯，杯口镶有金边，微显贵气，又不显俗气。餐巾颜色选择的是橙红色，与米黄色的装饰布交相呼应。为了体现那秋韵，餐巾折花采用的是枫树叶和扇叶形状。插花底部周边配以绿色的月季叶，上部主花采用枫叶，火红的枫叶代表着秋日的韵味。配以形似的香山，让人们感受到金秋红叶

的壮美景色，香山红叶的大气磅礴之势淋漓体现。菜单设计体现出了秋季丰收后时蔬和谷物的丰富，也呈现了秋韵的色调。

（九）作品之“年味”

1. 主题创意说明

过年是中国最为传统的民俗，此宴会台面中心装饰物鞭炮展现了喜庆、欢乐的气氛。餐具及桌布上的“福”字形象地表现了“过年好，福气到”。整个宴会设计体现过年时喜庆、欢乐的氛围，使就餐宾客身临其境，感受中国传统新年浓浓的年味。

2. 设计元素解析

餐台中心装饰物以博古架为主要载体，悬挂鞭炮模型和“年”字，寓意人们通过燃放爆竹驱赶“年”兽以保护一家人的平安吉祥。布草的颜色以红色和白色为主，两者互相映衬，熠熠生辉，营造出喜庆的氛围。红色棉质底裙，配以红白拼接棉质方形桌布，呈现喜悦的气氛。白色刺绣棉质方形餐巾折叠成鱼形，象征年年有余。椅套以红色为主色，缀以白色边。餐具为白色骨瓷，与主色调一致。菜单采用万年红宣纸折页的形式，将中国传统而又丰富的毛笔文化展现出来。菜品的命名采用写意法，以一到十、百、千、万开头的春联命名，既喜庆、吉利，又与宴会主题和谐一致，使宾客在用餐品菜时感受到轻松喜庆的美好氛围。

（十）作品之“锦上添花”

1. 主题创意说明

本宴会设计以婚宴为主题。大红的喜字，火红的餐椅，洁白的台面，营造出一种喜庆、热闹的氛围。该餐台布置借用中国传统手艺——剪纸，剪出美丽的鲜花朵朵，取名“锦上添花”，象征着对一对新人的美好祝福。

2. 设计元素解析

布草选用传统婚宴的色调——红色。台布选用红色，突出婚宴的喜庆，装饰布选用白色，象征爱情纯洁，新人永结同心、白头偕老。台面中心主题装饰物选用象征爱情的剪纸红花、红色蜡烛，象征新人婚姻幸福美满、爱情甜甜蜜蜜、生活和和美美。餐具以乳白色为主，寓意新人爱情纯洁，透明的玻璃器皿与白色台布相衬，象征新人未来的生活和谐美好、爱情天长地久。餐巾折花以花型为主，包括含情脉脉、并蒂莲花、一帆风顺等，象征新人由相识、初恋、热恋、订婚、结婚的甜蜜之旅，“含情脉脉”代表订婚，“并蒂莲花”象征结婚，“一帆风顺”代表生活顺风顺水等，突出温馨浪漫的主题，表达对新人幸福美满的美好祝福。

（十一）作品之“邂逅浪漫”

1. 主题创意说明

本设计以婚宴为主题，寓意含蓄内敛，祝福深远，命名为“邂逅浪漫”。

2. 设计元素解析

桌布选用高雅米色，配以红色，突出婚宴的庄重、高贵，寓意爱情的纯洁无瑕，新人白头偕老、地久天长。餐巾、椅套和台布统一颜色，交相辉映，和谐统一。餐巾折花为心形图案，摆放双心靠近，似双双并蒂，象征新人永结同心以及新人由相识、初恋、热恋、订婚再到结婚的含情脉脉的甜蜜之旅，寓意新人心心相印，长长久久。餐具以无色透明为主，突出新人爱情纯洁，生活幸福美好。餐台中心摆放红玫瑰、百合花等鲜花组成的插花作品，桌上撒有红色玫瑰花瓣，充分体现浪漫主题。鲜花鲜艳美好，馥郁清香，令人向往，但需要经常浇水滋润，才能娇艳美丽。插花象征爱情，寓意生活也须呵护经营，祝愿新人永浴爱河，幸福一生。

（十二）作品之“繁花蝶舞”

1. 主题创意说明

一路繁花，蝶舞倾城。大连，浪漫唯美的海滨城市，日新月异的发展，和谐共赢的氛围，成就了美丽、富庶、文明的大连。“繁花蝶舞”主题的设

计灵感源自城市夏季繁华似锦、彩蝶飞舞的浪漫景象。

2. 设计元素解析

台布运用近泥土色，配以盘绕的藤枝，喻示着顽强的生命力和城市蓬勃向上的精神；白色的椅套加上蝴蝶结的装饰，好似蝴蝶飞舞于城市之中，一股泥土的清香油然而生，体现了大连清新的自然环境。白色的花边口布用精致的“繁花蝶舞”刺绣点缀，清新淡雅，更与整个主题相呼应；通过不同的折花造型来烘托主题，表现主人的热情好客，更好地突出了大连文明的人文环境。

餐具印有花边图案，好似与蝴蝶争羞的花朵，围绕在台面周围，灵活生动。筷套与牙签套采用了与主题一致的“繁花蝶舞”图案，点缀着白色的桌布，精致典雅。

台面中心设计了“繁花蝶舞”，一边是花丛陪衬下娇俏碧绿的圆柱形花柱，淡粉色的绣球在花柱顶端优雅绽放，悄然垂落，形成一条花朵瀑布。绣球花的花语是希望，花朵以美丽的姿态祝福收到这花的人，生活充满希望，人生更加丰富精彩。另一边是康乃馨装点的多彩花球，缤纷的色彩象征夏季的绚烂多姿，端庄大方、芳香清幽的花朵与上方的绣球相呼应，营造了温馨的气氛，祝愿宾客健康平安。几只钢草将绣球和康乃馨花球连接，蝴蝶在上面翩翩起舞，精灵般小憩于钢草之上，轻舞于花丛之间，时间仿佛在这里驻足。“繁花蝶舞”让人感受到了夏季万物的生机勃勃，让人不由得想来大连一睹为快。

菜单用蝴蝶装饰，寓意为翩翩起舞的蝴蝶为来自四方的朋友送来不可多得的美食。“有朋自远方来不亦乐乎”，热情好客、优雅浪漫、美丽富饶的城市正期待您的光临！

3. 宴会菜单设计

冷菜

繁花蝶舞盘

甜品

美式苹果派

热菜

香葱烧海参　　花菇炖鸡盅

蚝汁大连鲍　　芝士酿蟹斗

椒盐烤海虾　　瑶柱爆芦笋

久香猪寸骨　　蔬菜合味蒸

鲜果炒玉带　　火夹蒸鳜鱼

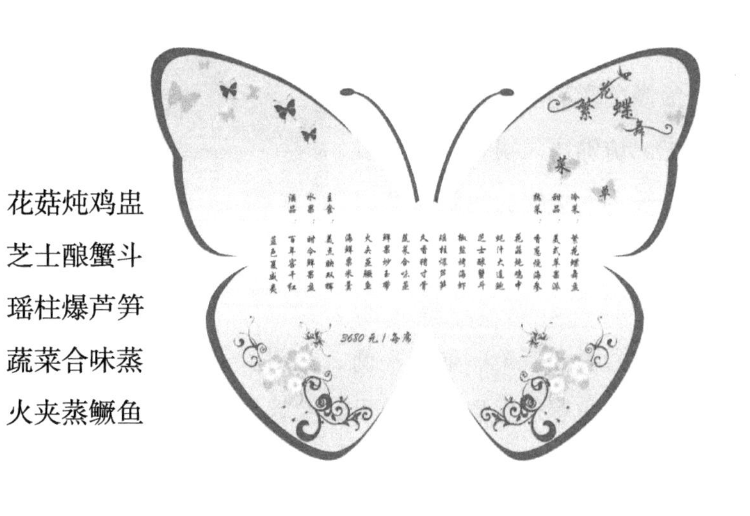

热汤

海鲜粟米羹

主食

美点映双辉

水果

时令鲜果盘

酒品

百年窖干红　　蓝色夏威夷

（价格：388元/位）

4. 宴会菜单说明

“繁花蝶舞”主题宴会菜单设计采用传统老菜与现代菜肴融合的模式。食谱设计选料广博，烹调方法多样，口味丰富，色彩绚丽，注重营养平衡。三大宏量营养素配比合理，主食粗细粮搭配，副食色彩艳丽，烹调方法涉及炒、爆、蒸、炸、红烧等多种技法，配以适量饮料使得此宴会更加丰富多彩。大连特色水产品及动物性原料丰富，适量补充人体必需的优质蛋白；蔬菜中的根、茎、叶、花、果等品种齐全，提供大量的膳食纤维；另外还有丰

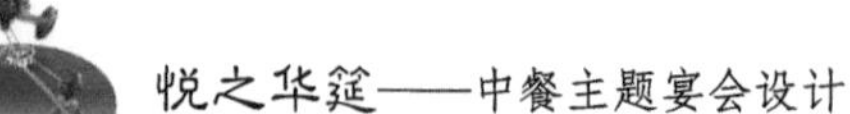

富的植物蛋白。菜品的烹调方法得当，饮品可提供大量的维生素及矿物质。酒水以象征热情好客的红酒与富有浪漫色彩的蓝色夏威夷相搭配。仿佛让人嗅到如酒香四溢般令人陶醉的清新味道。此宴会菜单色、香、味、形俱佳并且数量适度，能够做到科学搭配、酸碱平衡，达到了营养平衡的膳食要求，适于大多数人的需要。主题迎宾宴从菜单设计及就餐用具都充分彰显特色，融合了中西方文化，南北结合、口味互补。

（十三）作品之“遇见茶”

1. 主题创意说明

在古代史料中，有关茶的内容很多，到了中唐时，茶的形义已趋于统一，后来又因陆羽《茶经》的广为流传，“茶”的地位得到进一步确立，直至今天。

白居易在《山泉煎茶有怀》中就曾吟诵茶的传情意趣：“无由持一碗，寄与爱茶人。”古往今来，多少文人墨客通过茶传达自己对家事国事天下事的情感，这就是茶与人结下的千年之缘。

本主题将茶和茶韵有机结合，表达当代人追求高远的意境以及优雅的闲适。

2. 设计元素解析

餐台中心装饰物主要围绕茶具和木具进行造景。棕檀木茶座作为底盘，其上摆放的是古色古香的鸡翅木仿古架和精致典雅的仿汝窑茶具，经茶品的衬托更显示出茶文化的精髓。

为了配合主题设计，台布采用棉麻的咖色和茶台相搭，更增添了茶的韵味。在口布折花的选择上，采用墨绿色麻质口布，花型以灵动金鱼为主，以帆船花和雅扇突出主人位、副主人位的气质，使二者一脉相承。选择水晶质地的餐巾扣更显得明朗大方。选取与台布相同颜色的椅套，使整体气氛更为融洽。

（十四）作品之“遇见蔚蓝”

1. 主题创意说明

金灿的沙滩、湛蓝的海水，弥漫韵意的城市文化营造出了大连——一个繁华富饶都市的浪漫氛围。本餐台的创意灵感主要来源于大连的文明、和谐，以及久负盛名的广场文化。大连是中国著名的人居、旅游胜地，拥有包括亚洲最大的广场——星海广场等102个广场和90多个城市公园，广场和公园是城市凝固的记忆。其社会的文明、生态的和谐也被满满地载入以海为背景的城市文化中。

2. 设计元素解析

整个餐台的台布及椅套以蓝色和白色为主线，好似海天相接，又配以唯美的海浪，宛如一幅跳跃的、现代的、国际化的大连明信片，迎接来自五湖四海的宾朋。餐台中心，在这碧海蓝天映衬下，一艘象征着享有“浪漫之都、北方香港”美誉的大连之船，正向远方驶去。船中散撒着金色和蓝色的细沙，细细的描画出温暖的海滩和开阔的海岸。

广场文化承载着大连百年的记忆，傅家庄广场的主雕塑海螺听涛，星海广场的主雕塑盛世华表，老虎滩广场的标志雕塑海豚，海之韵广场的主雕塑海浪和港湾广场的古战船……我们甚至可以感受到伴随着阵阵清凉的海风，这艘象征着大连的帆船正载着它与大海紧密相连的蔚蓝色城市文化在世界的大舞台上扬帆远航。

（十五）作品之“达里尼·映像”

1. 主题创意说明

本设计作品以描述海滨城市大连的美好景色为主，大连别名达里尼，因此作品命名为“达里尼·映像”。

2. 设计元素解析

台布以白色为底色，代表高雅和纯洁，自然的蔚蓝色为主调，代表勃勃生机。白色台布与蔚蓝色底布两种颜色反衬，形成鲜明的对比。蔚蓝色代表

大海波澜壮阔，呈现出强大的生命力。整个世界碧水蓝天：海中有珊瑚、海螺、珊瑚礁等，由蓝色轻纱造型成起伏波浪为主题增加了动感和活力。白色与蔚蓝色构成整个餐台席面。

餐具设计采用了写意的手

法，骨碟、汤碗、汤勺之间的距离适中、均衡、和谐。白色筷架上有蓝色图案，烘托出明快而热烈的气氛，使台面更加活泼。菜单以海为背景图案，具有强烈的动感，画面活跃。菜单双面通体以蔚蓝色为底色，上面印有波澜壮阔、隐隐约约的海上风云背景图案，图案内标识有菜单的寓名、实名、单价等内容。整个菜单以白色为底色，蔚蓝色为主调，寓意从天空到蔚蓝色大海的自然环境，烘托出温馨祥和、宁静和谐的美好宴会氛围。

3. 宴会菜单设计

海上冰川——酸辣蛰皮　　水中先锋——芝士烤虾

浪里白条——清蒸多宝鱼　　海上垂云——椒浸生蚝

波澜壮阔——鲜香墨鱼　　海纳百川——花甲鲜汤

霄云映日——蟹黄豆腐　　海枯石烂——芡实煲香芋

碧海蓝天——响油双笋　　山水相连——冰糖湘莲

有容乃大——蛋黄烧卖　　锦绣山河——水果拼盘

（十六）作品之“踏雪吟梅”

1. 主题创意说明

梅，是寒冬里的战士，是春的使者，是茫茫雪景中的那一抹灿烂。它是中华民族、炎黄子孙的精神象征。它是一种精神，一种文化，更是一种气节。

“已是悬崖百丈冰，犹有花枝俏”，正是像梅一样的坚贞不屈的精神，激励着英勇的共产党人取得了最后的胜利，开创了美好的新时代；“宝剑锋从磨砺出，梅花香自苦寒来”，正是像梅一样不畏

艰苦的精神，激励着一代又一代的中国人用自己勤劳的双手为祖国的未来而奋斗。

2. 设计元素解析

米白色的台布覆盖在桌裙上，像那白茫茫的雪花，轻柔地飘落在红色的梅花之上。梅花虽被厚雪所压，但它却在茫茫白雪的边缘透出了那一抹亮丽，让人们看到了勃勃生机。白雪之上飘落了片片红色花瓣，虽不能迎寒开放，但却能“化作春泥更护花”。

台面中央放置一把古琴，旁边数朵梅花高低傲立在花瓶中，瞬间将客人的思绪带入古色古香的意境，梅花由树根向上延展，四散开来，红色与白色交错其间。梅花上飘落的片片白雪，晶莹剔透，通体纯洁，它们与梅花相映生辉，让梅花在白雪茫茫中更显其姿态。远远望去，一片和谐，既有悠扬的琴声，仿佛又有阵阵暗香袭来，为我们的梅花宴增添了一丝韵味。

餐桌上摆放着印有梅花的瓷器餐具，洁白干净的骨碟好似一轮明月，透明的水杯中展示着造型挺括逼真的餐巾折花，动物们活灵活现，植物们亭亭玉立，活跃了整张餐桌的温馨氛围。一杯杯红酒尽显浪漫，让宾客充分感受到快乐的气氛。

3. 宴会菜单设计

凉菜

梅萼含雪　　踏雪吟梅

热菜

梅圻晓风　　梅园生春

疏影横斜　　暗香浮动

梅酱五拼　　梅花时蔬

梅花蟹黄　　梅子鳜鱼

（十七）作品之“爱的味道”

1. 主题创意说明

该作品以婚宴为主题，在传统婚宴设计中融入西方婚典元素，以歌颂爱情为主，呈现出时尚、浪漫、高雅、创意、个性化的特点，深受年轻人喜爱和青睐。

2. 设计元素解析

台面中心装饰物以绿色仿真草坪为底座，其上放置法国巴黎的埃菲尔铁塔摆件，配以红色玫瑰、白色百合与金色费列罗巧克力作为装饰，烘托时尚、典雅、浪漫的婚庆氛围。台布选用典雅的棕色，餐具选用纯净的白色，口布选用白色，餐巾折花选用杯花，西式玻璃高脚杯晶莹通透，上述元素相配更加符合主题内涵。

法国巴黎的埃菲尔铁塔象征浪漫，玫瑰、百合象征爱情，巧克力味道甜美，上述用品的精心选用与巧妙结合凸显“爱的味道”的宴会主题，可谓妙不可言。

二、大连职业技术学院中餐主题宴会设计大赛获奖作品（校级）[①]

（一）作品之“弹・情”

1. 主题创意说明

“关关雎鸠，在河之洲。窈窕淑女，君子好逑。”它写的是一个美丽善

① 指导团队：大连职业技术学院酒店管理专业教研室；总负责人：曾丹；参赛选手：大连职业技术学院2015级酒店管理专业学生；比赛时间：2016年12月13日；比赛地点：大连职业技术学院酒店管理专业餐饮服务实训室。

良的姑娘被一个男子深深爱慕的故事。令人倾慕的女子，不仅要“窈窕”，而且还要“淑女”。前者指的是一种外在美，后者指的是一种内在美，善良美好，温和文静。该主题宴会旨在表达对女性的吟诵和赞美，彰显出女性的高贵、纯洁与雅致。

女人如花，拥有花一样的美丽，花一样的智慧，花一样的人生。女性或温柔善良，或优雅知性，或阳光温暖，或娇媚艳丽……莲者，“出淤泥而不染，濯清涟而不妖，中通外直，不蔓不枝，香远益清，亭亭净植，可远观而不可亵玩焉”。古往今来多有文人雅客，常以爱莲之说，言君子之性情。

本作品将女性比喻成纯净、圣洁的莲花，作品展示了女性独特的韵味，精致典雅，气质脱俗，清香柔媚，秀外慧中。

2. 设计元素解析

台面中心装饰物主要由一古代少女人物造型和仿真琵琶摆件构成，呈现出一种和谐宁静的古典美。温婉“女子”采用德化天然瓷土为原料，瓷质精致细腻，环保时尚。女子身材姣好，表情细腻，生动传神，身着粉裙含蓄端坐在花丛中间弹奏琵琶，婀娜多姿，风姿绰约，仿佛清幽动人的琵琶声萦绕在花海，呈现一种柔和、恬静之美。花儿的娇艳与少女的素雅形成鲜明的对比，给人以强烈的视觉冲击和艺术美感。琵琶是弦乐器的一种，轮廓如女人淡泊的曲线，弹之则发出明亮圆润之声，能穿越千年寻知音。温婉

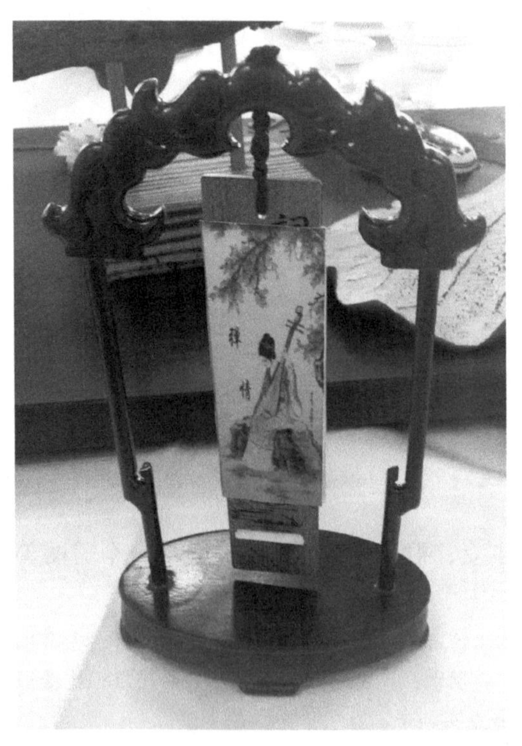

“女子”安坐在长椅上，纤手挽春住，似茗香淡淡，如流水涓涓，将她眉间的思绪展开，心儿也随之飞向远方……

3. 宴会菜单设计

冰清玉洁——姜汁拌莲藕　　气质如兰——凉拌西兰花
秀外慧中——虾仁银鱼金瓜盅　　国色天香——一品贵妃鸡
楚楚动人——甲鱼炖肉丸　　温婉柔情——鲜笋烧海参
清丽脱俗——麦芽糖蒸山药　　风华绝代——枸杞焖大虾
小家碧玉——香菇扒油菜　　蕙质兰心——海米生菜酿豆腐
冰肌玉骨——红豆水晶糕　　空谷幽兰——鲜水果拼盘

4. 宴会菜单说明

菜品设计结合女性体质特点，以养生养颜为主。宴会原材料的选取注重食物的多样性，符合酸碱和荤素的搭配原则，从而使各种营养物质取长补短，互相调剂，满足人体对各种营养素的需要。多种蔬菜、时令水果和食用菌不仅提供丰富的维生素、矿物质，还供给充足的膳食纤维，清淡、爽口而又营养、美味、健康。

（二）作品之“流觞曲水”

1. 主题创意说明

知己相逢，那是怎样的快意，终于有一人，能闻弦歌而知雅意；可一同

春日沐雨，夏日观荷，秋日采菊，冬日听雪；可一起品茗论诗，泛舟联句，流觞作赋，一醉方休。海内存知己，天涯若比邻。为探访心灵神通，精神契合的友人，何妨跨越万水千山。翻过重重高山，涉过潺潺流水，终于到达期盼已久的彼岸。远风送来清远幽然的花香，枝头有雀鸟轻盈展翅，于是在这屋檐下，摆一桌风雅盛宴，和知己共话人生。本主题宴会以诠释和表达情趣相通的最诚挚友谊为设计目的。

2. 设计元素解析

本宴会台面以雅致的米色和青翠的绿色为主，穿插粉色、白色的图案和摆设，色彩搭配高雅而又富有浓郁的文化气息。餐台中心平铺麻质的鱼戏莲叶图，其上摆放檀木茶排和螺旋形檀木摆件，摆件上依次摆放六个翠绿色茶杯，好似流觞，独具匠心地体现宴会主题。此外，餐台配有粉色插花点缀，使整个台面犹如一幅美丽的画卷，清新脱俗，别有一番风味。

“阳春白雪觅蹊径，高山流水遇知音”，台面中心艺术品为两个陶瓷人物摆件，寓意两名智者正在吟诗作赋，两人相视一笑，看似风轻云淡，实则已是风起云涌，方寸之间营造出挥洒自如的意境。旁边一盆古典插花，小桥流水造景等为宴会主题增加了灵动性和生命力，让参宴者体会主题的清雅之妙，使日常浮躁的心灵得以回归。

为配合主题

设计，台布选用棉麻质的米色，颜色增加了流觞的韵味，清雅而不失庄重，如高山流水般充满了人文气息，似乎在向人们倾诉中国传统的人生哲理。椅套选用深咖色，二者交相呼应、和谐融洽。主人位的餐巾折花采用了竹笋花型，象征着中国古代文人所具有的那种铮铮傲骨；卷轴型盘花的选择与主题气质一脉相承，而一帆风顺的花型则给参宴者带去美好的祝福。

餐具选用翠绿色瓷器，给人典雅之感，也使整个台面富有文化性、观赏性。翠绿色的餐具与粉色口布巧妙搭配，给人很强烈的视觉冲击，带来清新之感。杯具选用玻璃高脚杯，既显挺拔和高耸，又显通透和典雅。木质的长柄勺与筷子，使台面富有自然、质朴的气息。筷套与牙签套选用高档铜版纸打印，主体颜色为绿色，色彩和谐。菜单选用新颖的卷轴型，使整个台面更具艺术感和中餐韵味。

3. 宴会菜单设计

江南才情四艺碟——江南冷菜拼盘

阳春白雪镇棋盘——冰镇顶级白芦笋

广陵秋籁歌一曲——西湖蔬菜羹

高山流水觅知音——家烧石斑鱼

龙井问茶清香味——龙井茶汤泡虾仁

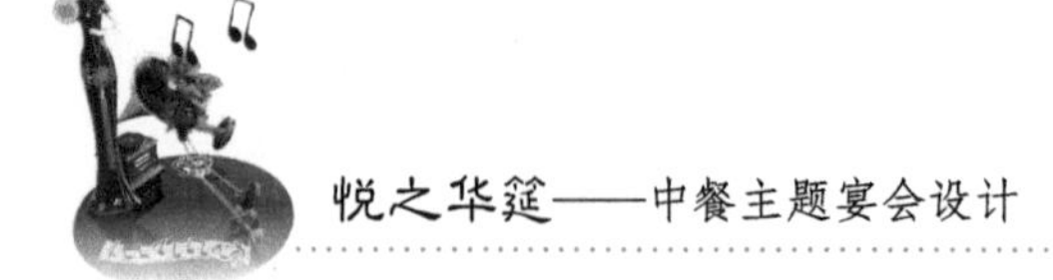

碣石幽兰操韵律——虎跑泉水炖牛肉

秋月照亭影似塔——干菜宝塔肉

胶漆之交莲菱理——西湖莲子炒嫩菱角

松弦动音似画卷——清炒有机绿色蔬菜

曲水流觞圆情谊——家炖土馄饨

天长地久醉也美——时令鲜果盘

4. 宴会菜单说明

菜品以绿色生态、环保的食材为原料，体现现代人对健康饮食的追求，所有菜品的命名围绕主题而定，体现友人之间共同的高雅情趣，可谓妙不可言。

（三）作品之“岁月”

1. 主题创意说明

近年来，复古元素成为时尚的宠儿，民国风几乎吹遍各个领域，如民国服饰、民国题材的影视剧、民国主题婚纱摄影、民国主题婚礼庆典及民国主题餐厅等。民国虽已经成为历史，但是民国气质却历久弥新。时至今日，“民国范儿”仍是文艺青年的代名词。因此，这台宴会是以民国风怀旧主题来进行设计。

岁月悠悠，梦也悠悠，时光似乎走了好久，踏着岁月的细沙去苦苦追寻那些曾经，记忆的碎片却跌落在时光的长廊里，刺痛了梦中的花香，隐去了故事的结尾。沉浸在文人墨客的妙笔意境里，走入曾经的昔城故地，感叹岁月的无情流逝，品味往事沉淀下来的繁华烟云，徜徉在那斑驳的岁月间，享受视觉、触觉、味觉和心灵盛宴。

本次主题宴会设计灵感来自于欣赏中国传统文化的好友，相约旧城故地，游玩之余，小酌浅吟，互诉对时间和岁月的感怀。

2. 设计元素解析

为迎合岁月流逝、淡然超脱的意境，这款台面在色彩设计上以沉稳大气

的金色为主打基调，配以米色和白色，给人营造一种悠悠岁月的深邃和厚重感。台面设计别致、稳重，色彩运用合理。既显示出设计主题氛围的庄重，又透露朴实与简洁、典雅与大方。

宴会整体设计体现了民国时期中西合璧、兼容并蓄的文化特征，它是中国传统文化与西方现代文化的有机结合。台布、口布和椅套选用米色和白色的布料，凸显民国时期古朴、厚重的质感，并与选手服饰——真丝旗袍相得益彰。骨碟、汤碗、味碟和汤勺为金白色相间的高级骨瓷，印有金色花纹图案，再配以金色筷子、金色龙柄勺和龙形筷架，彰显尊贵与古典的传统文化。

台面中心装饰物展示了一部留声机、精致首饰盒、象牙白珍珠项链、复古书籍、老式胶卷、钢笔和信纸，并配以一束暗红色的干花作为点缀，仿佛把我们带到了民国时代，共同怀念流逝的岁月。主题牌设计独具匠心，采用复古相框的形式，经过精心设计，与菜单互相辉映，并点明“岁月”主题。筷套、牙签套选用复古的米黄色，印有统一的民国风格的文字和图案，给人一种怀旧的感觉。

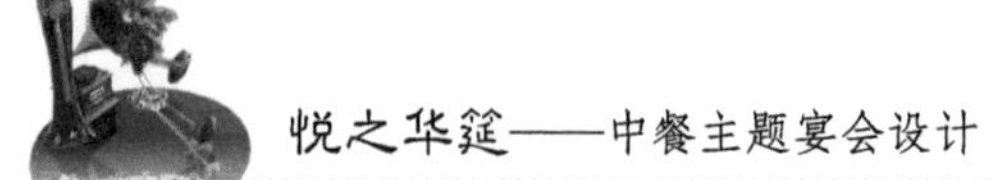

3. 宴会菜单设计

凉菜

忆苦思甜凉瓜汤　　青春洋溢八小碟

热菜

阮姐白玉炝虾仁　　爱玲荷叶粉蒸肉

三原右任松鼠鱼　　徽因思成富贵鸡

夜来香芦蒿香干　　蔷薇丝瓜炒茶馓

鲁迅且介焗膏蟹　　少帅幽湘红烧肉

热汤

谭家老鸭红枣汤

主食

蝴蝶翩翩金鱼饺　　大千丹青金钱饼

果盘

有情有义鲜果盘

4. 宴会菜单说明

菜单的设计选用复古的米黄色，印有统一的民国风格的文字和图案，给人一种怀旧之感。菜单的字体选用美黑繁体，庄重、大方，具有较强的年代感，菜单整体设计彰显尊贵与典雅。菜品以清淡口味为主，南北皆宜。菜品命名与民国时期的历史人物或主题意境相结合，既能紧扣主题又可凸显菜品特点。

（四）作品之“出水芙蓉”

1. 主题创意说明

荷花，“出淤泥而不染，濯清涟而不妖，中通外直，不蔓不枝，香远益清，亭亭净植，可远观而不可亵玩焉”，荷叶既代表生机勃勃，又代表美好愿望。同时，“荷”与“和”谐音，有和谐、祥和、吉利的寓意。古往今来爱莲者，常以爱莲之说，言君子之性情。本作品将女性比喻成纯净、圣洁的

莲花，展示女性的丽质脱俗，清香柔媚，秀外慧中，精致典雅，别有一番独特之韵味。

2. 设计元素解析

本主题宴会的餐台中心平铺麻质鱼戏莲叶图，上面放置一个逼真的荷花微景观。层层叠叠的荷叶，在水面上参差交织着，碧波涌动，荷叶随着水波轻轻晃动，像一曲无声的探戈。荷叶旁边伸出了一支支粉色的荷花，有婀娜地开着的，由羞涩地打着朵的。那盛开的花多像舞女的裙摆，随着那阵阵碧波，荡向远处；那还是花蕾的，像那青涩的少女，羞红了脸颊，在墨绿色荷叶衬托下显得更加楚楚动人。旁边的莲蓬好似一个卫兵，屹立在花蕾旁边。鱼戏莲叶图上，小鱼在画中游走，穿梭在片片荷叶间。墨绿的荷叶在水中静静挺立，任小鱼在它四周欢快地嬉戏，将那娇艳欲滴的荷花簇拥在其中，使荷花显得分外妖娆。餐桌上的口布折花，像一朵朵娇艳的花朵绽放开来，仰望着湖水中央的漫天荷花与荷叶，随着水波轻轻颂起古老的歌谣。好一幅独具匠心、意味深长的精美水墨荷塘图！

3. 宴会菜单设计

彩蝶戏牡丹——象形彩饼

喜迎八方客——精美八碟

花开富贵祥——广肚辽参

繁花似锦秀——什锦上汤

连年庆有余——清真河鲜

牡丹并蒂开——双味虾球

金鸡晨报晓——荷花鸡签

玉珠双珍菌——猴头鹿茸

玉树之临风——清炒芥蓝

五彩绘宏图——掐菜双丝

美点同增辉——精美四点

馨果聚合欢——时果拼盘

4. 宴会菜单说明

宴会原材料的选取注重食物的多样性，符合酸碱和荤素搭配的原则，从而使各种营养物质取长补短，互相调剂，满足人体对各种营养素的需要。多种蔬菜、时令水果和食用菌不仅提供丰富的维生素、矿物质，还供给充足的膳食纤维，做到了“平衡膳食、合理营养”，是美味与营养的统一。

（五）作品之“宁静致远”

1. 主题创意说明

“宁静致远”语出西汉刘安的《淮南子·主术训》，蜀汉名臣诸葛亮在其《诫子书》中加以引用：“夫君子之行，静以修身，俭以养德。非淡泊无以明志，非宁静无以致远。”自此“宁静致远”一词被人们广为传颂，意为人要做到淡泊名利、心无杂念才能树立远大目标，达到成功境界。

宁静是一种美好的境界，恬和、安宁，如一泓秋水映着皎皎明月。生活在今天这样一个喧嚣的社会，面对快节奏的都市生活和巨大的生活压力，内

心的平和和安宁显得更为重要。一方面，浮躁、焦虑、冲动等负面情绪引发的社会问题不断出现，影响了我们的日常生活，甚至威胁到了公共安全。另一方面，随着信息化、网络化的不断普及，人们接触到的信息越来越多，受到各种因素的影响也越来越大，而常做事、做实事的精神却越来越差，常立志代替了立长志。因此，品味古人的精神智慧，从纷繁复杂的社会事务中脱离出来，从心力交瘁、迷惘不安的心情中脱离出来，在宁静中思考、自省和顿悟，并从宁静中获得智慧、灵感和力量，对现代人的工作与生活也有着重要的意义。

2. 设计元素解析

本主题宴会台面颜色选用了代表宁静的浅灰色和白色，着力构建一幅宁静和谐的景象。主题表现元素包括典雅的仿汝窑茶具、棕檀木的茶排、复古风的扇子以及主题插花、绿叶等，整个台面有一种宁静致远的感觉，使参宴者体会到主题的静雅之妙。以茶杯、茶壶、扇面构建的造景代表“宁静”，主题插花代表“致远”。主题插花为东方式插花，代表中国人的含蓄、内敛和坚韧不拔，蜿蜒伸展的枝条则

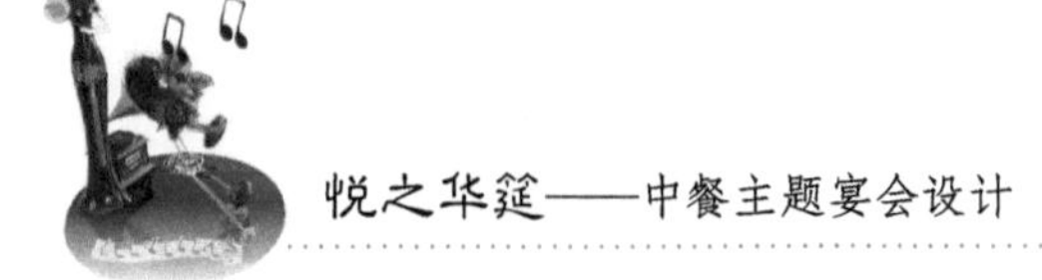

象征着对目标的执着追求。在选手工装设计上，选用沉稳的浅灰色旗袍，与台面风格十分吻合。

3. 宴会菜单设计

凉菜

锦绣前程拼盘

热菜

恬淡为上——干烧岩鲤　　宠辱不惊——宫保鳝花

静水流深——鱼香虾球　　大音希声——太白鸭子

厚积薄发——陈皮牛肉　　修身养性——金银蛎子

厚德载物——熊掌豆腐　　清秀淡雅——山珍烩芦笋

热汤

清汤鸡豆花

主食

缠丝牛肉焦饼

4. 宴会菜单说明

“宁静致远”一词因蜀汉名臣诸葛亮而闻名，因此宴会的菜单主要以川菜为主。川菜为我国四大菜系之一，其原料多选用市场中常见的禽畜肉类、河鲜、山珍及新鲜蔬菜，制作成本相对较低。宴会市场定位为中档大众市场，符合当前餐饮业大众化、亲民化发展趋势。宴会定价为1 666元，取一路顺利之意。

（六）作品之“蜡梅报春”

1. 主题创意说明

“爆竹声声辞旧岁，梅花朵朵迎新春”，“蜡梅报春”主题宴会适用于新春祝福宴或新春迎宾宴。在整个宴会设计中力求突出新春的喜庆，所以选择了中国人最为喜欢的“红色”作为台面的主色调。选择红梅花和一组放鞭炮的儿童作为台面的中心装饰物，使宾客在品尝美味佳肴的同时，感受

到梅花独特的风韵美及浓浓的新春气息。

2. 设计元素解析

布草的色调为喜庆的红色与素雅的白色交相呼应。台面选择暗红色底布，白色装饰布，上面配以纯白色绣红色梅花图案的口布，椅套是纯白色绣红色梅花图案。餐具选择了白色配红色梅花图案，清新雅致，与主题相呼应。

中心装饰物选择了红梅花等插花以及一组放鞭炮的儿童作为餐桌中心的主要装饰物，向宾客展示了一幅美好的新春图。放鞭炮的孩童表情憨态可掬，手提鞭炮，活灵活现，使客人在用餐的同时感受到“爆竹声声辞旧岁”的浓浓新春气息。除了红梅花外，还配以雍容华贵的红牡丹和艳丽的红玫瑰，较好地映衬了梅花傲骨的风韵美。坚硬的枝干，屈曲而上，铁铸似的，迎面伸展着。枝干上缀着一朵朵朱红的花，宛如无数美丽的红蝴蝶，停歇在嫩绿的新枝上。

“蜡梅报春”有着美好的寓意——家庭和睦、幸福“梅”满，“家家门巷尽成春”。梅花上站立着两只白色的报春鸟。鸟儿嬉戏在梅花枝头，清脆的声音让人的心灵从冬季的蛰伏中舒展开来，于是春天已悄然到来。

选手服装选择了具有中国特色的红色改良版旗袍，使整个宴会台面更加突出新春的喜庆氛围，一股浓厚的中国风扑面而来，使宾客在品尝佳肴的同时感受到中国传统文化的魅力。

（七）作品之“衍”

1. 主题创意说明

“问我祖先来何处，山西洪洞大槐树。”这句民谣在华夏大地流传了几百年，句中大槐树是生长在洪洞广济寺左侧的一株汉槐，是亿万古槐后裔梦系魂牵的“根”和故乡的渊源。

本餐台主题的设计为繁衍的“衍”，尽善尽美五千年进化人类文明地，源头源地三千载成就中华帝王天，其目的为弘扬根祖文化，为华人、华侨表达对故土的眷恋和思念而设计。四合院的古色古香和其乐融融的普通人家相组合，它是一种文化和一份感情的融合，这种融合正是普通人家恬静、惬意的生活。这个主题宴会将台面设计成其乐融融的家也是人们心中的一种期盼，让宾客在用餐时能享受到这种其乐融融的氛围。

2. 设计元素解析

“衍”主题宴会选用咖色的桌裙与白色桌布相结合，在体现“根”的久远历史的同时也不失高雅，椅套选用白底镶咖色线条，用咖色的纹路来体现寻根之路。

餐台选用白色镶嵌金边的瓷质餐具，质高玉洁，尊

贵高雅，并选用白色咖边口布装点整个台面，眷恋花的造型高于其他口布花，使主人的座位显而易见，显示主人的尊贵，副主人位的老树新芽与主题相呼应，意在体现人类的繁衍生息，其他的口布花选用如意花，给宾客花色纷呈的感觉。

台中装饰物选用的是一颗根雕和四合院的微型景观。根雕凝重而沧桑又富有灵动之气，上面用几支粉色的玉兰花和绿叶装点，象征着在这片古老而厚重的土地上，人类繁衍生息，欣欣向荣，而四合院更能唤起广大华人的归宿感，如同故乡的亲人在呼唤游子归来……院落内是生活惬意的老人，再次将其乐融融的主题升华。青砖灰瓦旁，阴凉葡萄架下，一对老人正悠闲地聊天。针和毛线在老奶奶的手中穿梭，却也不似往年那般精准、快速，有时还要数数针数是否正确。老爷爷拿着烟斗，时不时来一口，十分惬意。再往前走，绕过影壁，四合院的大门开着，想必是院中的子女们去上班、上学了。门外的街道好似不时传来叫卖声，家中的一切都那么协调，真是一幅和谐的画面。

3. 宴会菜单设计

凉菜

其乐融融——美蔬大拼盘　　幸福人家——精美四冷碟

热菜

岁岁年年——白灼基围虾　　时光如梭——海参烩鸭丝

甜蜜生活——糖醋烧排骨　　丰富多彩——什锦炒鸡丁

连年有余——清蒸石斑鱼　　锦上添花——蟹黄西兰花

热汤

金玉满堂——凤凰粟米羹

主食

幸福绵绵——鸡丝龙须面

甜点

和和美美——花色甜点心　　美满人生——绿色水果篮

4. 宴会菜单说明

“衍”寓意在激发异乡游子对故乡的怀念，因此菜品的选择均是体现朴素简单的特色菜品，包含着各种时令的食品，符合全面的营养标准，可提供足够的维生素、矿物质以及各种膳食纤维。菜品营养均衡，成本较低，宾客无论是对菜品的享受还是对精神的寄托都会激发人们的归宿感和对故土的眷恋，使其回味无穷。

（八）作品之“俏望”

1. 主题创意说明

你的心灵已有多久没有沉思？简单地开始，守着这些事，眺望着远方，向往着生活的美好，那是我们全部的心愿……只闻花香，不谈悲喜；喝茶读书，不争朝夕。清茶好书，以适幽趣。一盏清茶，一本好书，一株好花。知己们在书斋中不言是非，不涉名利，只为闲谈古今，笑语连连。繁华尘世的今天，所有需要等待和守候的事物，都显得那么难得。在尘世喧嚣中暂时远离，一只合手的杯子，一个驻足的故事，一缕自然的花

香，一个明媚的午后，一份自由自在，足矣。

2. 设计元素解析

白色台布，沉静简约，它便是“俏望”主题宴会最好的底色。采用白色棉布椅裙，其中主人和副主人椅套印着主题画，凸显两人的位置。牙签套、筷套统一用“小荷才露尖尖角，早有蜻蜓立上头”做装饰。“空山寂寂，莲心不染”，莲蓬是清静之物。净白色口布装饰一支干莲蓬，和主题浑然一体。“俏望”向往的正是这份当下的祥和、宁静、安闲、美妙的心境，这种心境纯净无染、淡然豁达、无拘无束、坦然自得。

台面中心装饰物是一幅黄色宣纸的画作。画轴上摆放一个檀木螺旋形花器，两只正眺望远方的青瓷小鸟、三只品茗杯。以碗泡法品饮乌龙茶，把复杂的东西简单化，才是贴近生活的。茶碗的一角是一本书，在书中，不仅有眼下，更有远方。阅读能够真正放飞灵魂，让阳光住在心里。再加上一束插花，简单地放在青瓷花瓶中，一切布置妥帖，呈现极致之美，充分体现简约造就纯粹。

3. 宴会菜单设计

凉菜

一元复始新春到——俏望大拼盘

热菜

二月明月春意闹——富贵龙虾仔

三星高照福气留——东坡肘子

四季平安好运来——黄焖鲜海参

五谷丰登贺佳节——思乡粗粮包

六畜兴旺庆新春——土猪腊肉

七星报喜吉星到——泡椒黄腊丁

八方进宝福临门——清蒸多宝鱼

九州财源滚滚来——珍珠藕丸汤

十全十美最最好——当归党参甲鱼汤

主食

百子千孙人多福——吉祥饺子

席点

千金一笑家添财——椰香红豆年糕

万事如意团圆好——翡翠芸豆汤圆

水果

阖家欢乐万象新——鲜水果拼盘

（九）作品之“乐·吉祥”

1. 主题创意说明

高速发展的经济带给我们丰富的现代物质文明，与此同时，人们走得急、拼得累，想要静心歇歇，听听大自然的声音，闻闻大自然的芬芳，向往一种悠然自得的生活。本中餐宴会以“乐·吉祥”为创意主题，通过工艺摆件和绿植等要素的巧妙结合，意在体现一种崇尚自然、返璞归真的生活态度。

在中国传统文化里，“象”与“祥”谐音，故大象被赋予了更多的“吉祥”寓意，人们通常会把大象看成是吉祥、力量的象征，以大象作为吉祥物放在家中，寓意平安吉祥，招财进宝。为了符合主题所表达的吉祥、富贵、和谐的用意，本作品选用了最具有代表力的大象作为中心装饰物，构思巧妙，独具匠心。

2. 设计元素解析

为契合主题需要，台面设计选用了咖色的台面底布，象征着富饶肥沃的土地，接近于大自然。羊脂白色作为装饰布颜色，羊脂白是纯洁、高贵的象

征，白色台布与台面上的绿竹、大象错落有致，令人赏心悦目。同时，白色装饰台布透出一种飘逸之感，与咖色搭配在一起，上下呼应，整个台面低调沉稳，却又散发出不俗与高雅的气息。采用简洁的盘花作为花型装饰，正、副主人位选用叶子造型，其余各位选用“雨后泛舟”，整个台面简洁整齐，主位突出，花型体现自然之美。咖色与白色作为主基调，与主题大象相辉映，给客人梦幻般的感觉。

台面主题装饰物为几只洁白的陶瓷大象工艺品摆件，它们在林中嬉戏玩耍，时而荡起秋千、时而演奏乐器，十分欢腾热闹。同时还选用一些鲜花、绿植和飞舞的蝴蝶作为装饰来渲染台面氛围，增添生活气息，灵活形象，极具感染力，充分体现大自然中一片生动和谐、令人向往的美好景象。

3. 宴会菜单设计

鸿运五福盘——鸿运大拉皮	柳丝吐新芽——荠菜拌香丝
春雪映新绿——野菜小豆腐	幸运喜连连——杏仁穿心莲
莲峰拌碧水——香菇扒油菜	玉笛吹雅韵——清蒸娃娃菜
清景在新春——素炒鲜蕨菜	春风吹又生——肉炒刺嫩芽
福泽皆有鱼——清蒸鲜鲈鱼	凤鸣虾温馨——生烧凤尾虾
上林花似锦——萝卜丝酥饼	百香佳果盈——鲜水果拼盘

4. 宴会菜单说明

菜单中的菜品设计以绿色、生态、养生为主旋律，迎合了当今节约、健康的用餐趋势。在食材的选取上大多采用北方春季养生菜，如荠菜、韭菜、香菇、油菜、娃娃菜、蕨菜等，注重色、香、味、型、营、质的搭配。在菜肴的命名上既体现出中国传统的文化特色，又选用与春天有关的充满意境和祝福的词语，使参宴者能够身临其境、心旷神怡，产生美好、愉悦之感。

（十）作品之“食全食美”

1. 主题创意说明

该主题宴会作品以食材为主，取“十全十美”谐音，将味蕾上的美食顿时变成了生活里的一抹亮色，用创意点亮生活，味蕾触动时尚！设计者希望与带有生命的食材一同呼吸、一同感受大自然的恩赐，只有懂得感恩，才能体会到美味在舌尖上的跳动，体现出精美食物与美好生活的完美结合。

2. 设计元素解析

台面中心装饰物是日常生活中随处可见的食材，有姜味饼干、糖果，还有蔬菜、水果，如黄瓜、苹果、橙子、香蕉、草莓、圣女果、龙眼、猕猴桃等。它们经过重新组合、设计造型，显得浑然天成，让食客在用餐前就感受到食物之美。这是一个有生命力的艺术作品，虚实搭配、错落有致、优美有序，鲜

亮出彩的蔬菜瓜果造型成为整个餐桌的灵魂，更为就餐氛围增添几分活力，奇趣美妙、灵活生动，堪称精美绝伦，颇具创新力和感染力。

3. 宴会菜单设计

冷盘

食全食美大拼盘

热菜

樱桃肉　　　　精品烤鸭

锦绣前程　　　黄金蝴蝶虾

香酥鸡　　　　四喜龙珠

金沙玉米　　　荷塘小炒皇

热汤

花好月圆

主食

五谷丰登

（十一）作品之“鸟语花香”

1. 主题创意说明

春眠不觉晓，处处闻啼鸟，又是一年春来到，又是一年春光好。在这春暖花开的时节，“鸟语花香”主题宴会将让您在这春意浓浓的意境里，享受一桌美食、享受一场文化盛宴。绿色是植物的颜色，有生命的含义，同时也代表自然、生态、环保等，绿色因为与春天有关，所以象征着青春，也象征着繁荣。绿色也代表和平、宁静、自然、环保、生命、成长、生机、希望、青春……

2. 设计元素解析

本台宴会以绿色为主，采用草绿色与白色两种颜色的桌布，突出“绿色的春天”“纯洁与宁静”的意境。餐台中心插花选用三个白色仿真鸟笼摆件为主，配以仿真花及几只小鸟，通过灵巧的插花技术，在餐台中心展现一片“春”的景象，呈现自然界鸟语花香、清新宁静、和谐共融的意境。在台面设计中，以白色玫瑰花边的白色餐具，配以花蕾造型的餐巾折花，在白色的台布上撒满各种红色玫瑰花瓣作为装饰。椅套设计以盛开的花朵配以两只彩蝶，使宾客沉静在花的海洋、鸟的啼鸣、春的韵味里，感受春天给我们带来的喜悦和希望。

3. 宴会菜单设计

冷拼

鸟语花香大拼盘

热菜

春江水暖鸭先知——八宝鸭

江南鳜鱼欲上时——红烧鳜鱼

蕊寒香冷玉斑来——蒜米粉丝蒸扇贝

云台时明春润中——鮰蚌狮子头

田园美果临水情——百合西芹炒夏果

碧玉红妆映春归——蒜米拌苋菜

热汤

春来佳果见枝痕——核桃松仁粟米羹

主食

五彩缤纷春来早——五色香糯饭

春色满园关不住——五彩花糕

果盘

满园春色尽开颜——水果拼盘

4. 宴会菜单设计

在菜品设计方面，以春季为主题进行创作。依据中医养生规律及中国居民膳食平衡宝塔的原则，本菜单主要选择温补阳气、性温味甘的食物进行合理的搭配，具有食材丰富多样、粗杂粮均衡、荤素适宜的特点，能为顾客提供春季所需的优质、充足的蛋白质和适当的热量、多种维生素、丰富的膳食纤维等全面的营养，达到春天补气养生的功效。本菜品设计的毛利率为55%，注重控制餐饮成本。

（十二）作品之“棋如人生”

1. 主题创意说明

“垂柳下，荷塘边，楸枰落子意清闲，玄机情透低眉笑，细语微风妒手谈”，一首小令《桂殿秋》道尽围棋的优雅闲趣。围棋是我国古代文人的四艺之一，围棋之文化，博大精深，玄机无穷，充满了东方智慧，人们通过以棋会友，共悟人生哲理，既暗含人生中要不断去博弈的积极心态，又体现了古人高尚风雅的人生修养境界。本台宴会主题以此为灵感进行设计，希望让人们通过对弈而体悟不同的人生哲理。

2. 设计元素解析

“黑白演绎如世事，纹枰对弈悟人生。”台面中心装饰物以黑白两色的围棋及棋盘为主，两个正在对弈的智者执黑白子一起一落，两人相视一笑，看似风轻云淡，实则已是风起云涌。黑白棋子随意散落其中，方寸之间营造出挥洒自如的意境。旁边一盆古典插花、一个青烟袅袅的荷花香盘、三杯晶莹碧绿的绿茶为宴会主题增加了灵动性和生命力，让参宴者体会主题的清雅之妙，使日常浮躁的心灵得以回归。

为配合主题设计，台布选用棉麻质的深、浅咖色，颜色增加了棋的韵味，似乎在向人们倾诉中国传统的人生哲理。椅套选用与台布相同的咖色，二者交相呼应。台面选用墨绿色麻质口布，风格与台布保持一致。主人位的餐巾折花采用了竹笋花型，象征着中国古代文人所具有的那种铮铮傲骨；卷轴型盘花的选择与主题气质一脉相承，而一帆风顺的花型则给参宴者带去美好的祝福。在椅套的选用上，选取与台布相同颜色的深咖色。餐具选用黑色瓷质石头纹材质，符合棋的韵味。

印有“棋如人生”的蓝色卡片状主题牌、用棋子作装饰物的筷套，设计新颖，素雅又别致，与中心艺术品有机地联系在一起，使整台设计更加和谐一致。

3. 宴会菜单设计

冷菜

七彩凉拌藕丝　　折耳根拌木耳

热菜

金枝玉叶——清炒水芹菜　　风雨同舟——铁板豇豆煲

招贤纳士——青椒土豆丝　　谆谆教诲——干煸四季豆

主食

满腹经纶——三色糯米饭

甜品

情深义重——银耳甜羹

4. 宴会菜单说明

菜单以奏折形式展现，其封面上用毛笔书写主题名字与内容，古朴典雅的风格与台面文化氛围形成统一，菜品搭配方面整台宴会包含了香茗、围碟、热菜、主食、果盘五类，注重食材、色泽、味型以及营养价值的合理搭配。菜品命名采用写意与写实的手法相结合，写意命名运用与围棋相关的古诗词、成语、对联等，力求将主题更加淋漓尽致地展现出来。

（十三）作品之“润物细无声”

1. 主题创意说明

如今的大都市时而乌云密布、黄尘滚滚，看不见阳光的明媚、雨露的清澈，听不见鸟儿的欢声笑语，闻不到花儿的芬芳，更感受不到自然呼吸带给我们的快乐。而森林却是精美的，它的绿是静谧的。各种各样的植物和自然的生态，让大自然呈现出生命的伟大力量。大自然和我们人类一样需要深呼吸，生命才能延续。美妙和谐的绿色，承载着我们人类对欢乐幸福、环保生态生活的一种向往。

这台以“润物细无声”为名的主题宴会，设计目的是为了呼吁和倡导人类回归自然，重新过上质朴的生活，让低碳、环保、节能进入日常生活，与我们能够朝夕相伴。

2. 设计元素解析

为了凸显环保这个主题，台面中心装饰物为一个生动、逼真的仿真草坪摆件，由可爱小动物、绿色植被等组成，既体现生机勃勃又让人感觉和谐美好，表达出人们对未来美好生活的向往，是人类一个绿色的

梦想。只要我们人人做到关心、参与和保护自然环境，我们就一定会拥有一个绿色的未来。整个设计色调清新、悦目、协调，体现绿色、环保、简约。餐具使用绿色瓷质餐具，与主题风格一致。酒杯使用无色纯净透明的高脚玻璃杯，筷子放在用环保材料所做的环保筷套中，筷套底端用绿色的树叶做装饰，中间印有“润物细无声”五个字，牙签套的设计风格与筷套一致，依然体现出设计的绿色、环保、简约的特点。餐巾与桌裙颜色相呼应，整个台面的餐巾花由花叶类构成，就像一片片绿叶围绕着整个台面，与主题一致。椅套采用白色缎面制作，背面绘制有绿色的图案作为装饰，整个台面的设计和主题风格统一。

（十四）作品之“在水一方”

1. 主题创意说明

该主题宴会作品灵感来自于《诗经·秦风》中的“所谓伊人，在水一方”。它指的是主人公朝思暮想的意中人就在水的那一边，于是想去追寻她，以期欢聚。而无论主人公怎么游，总到不了她的身边，她仿佛就永远在水中央，可望而不可即，描写的是主人公一种思念而痴迷的心情，既具有一种朦胧的美感，又散发出韵味无穷的艺术感染力。

2. 设计元素解析

主题造景采用了白瓷伊人为主体，白瓷采用德化天然的高岭土为原料，瓷质细腻，无污染，环保时尚。伊人面部表情丰富细致，将花前月下的女子刻画得生动美丽，羞涩古韵的女孩让人难以忘怀，正迎合了“所谓伊人，在

水一方”的美好景象。周围用代表相思意味的红豆，代表女子的仿真莲花、艺术插花等进行装饰。在这幅有浓浓韵味的美景中，作品采用颇具笔墨气息的黑石作为底座，上面辅以造型优雅的伊人来营造一种古典意境美，突出“在水一方”的主题思想。插花的独特造型作为背景，更加突出了伊人的美妙姿态，渲染出一种人美、景美、意境更美的浪漫唯美氛围。

台面餐具采用了镶有浅灰色花边的白色瓷器，既古典雅致，又富人文巧思，与主题结合，体现出形式美与意境美。瓷器造型简洁大方、尺寸适宜、整体协调，与挺拔秀美的水晶酒杯相结合，更加彰显主题的文化色彩，营造饮食文化氛围。

（十五）作品之“枫桥夜泊”

1. 主题创意说明

本设计作品创意源自唐代诗人张继在途经寒山寺时创作的作品《枫桥夜泊》。诗人精确而细腻地讲述了一客船夜泊者对江南深秋夜景的观察和感受，勾画了月落乌啼、霜天夜寒、江枫渔火、孤舟客子等景象，有景、有情、有声、有色。将作者羁旅之思，家国之忧，以及身处乱世尚无归宿的忧虑充分展示出来……

2. 设计元素解析

台面设计以白色、灰色为主，既显质

朴与简洁，又显典雅与大方。餐具选用白色瓷器，轻盈通透，与布草十分协调，再与挺拔秀丽的玻璃杯相结合，更加彰显主题的特点，营造出一种饮食文化氛围。口布选用灰色，凸显典雅与庄重之美。台面中心装饰物选用了白绿相间的圆形瓷器底托，上面放置房屋、木桥、渔船、绿树等仿真摆件作为展示载体，与红色枫叶完美融合，与主题和谐统一。此外，底托中央放置流水及些许彩石，烘托“枫桥夜泊”主题氛围，体现设计者的独具匠心。

（十六）作品之“悦·梦”

1. 主题创意说明

“悦”与“乐”谐音。人类历史上美好的音乐，有贝多芬与肖邦的华美乐章，那是命运的协奏，是对人生信念的追求；有舒伯特与莫扎特的灵魂讴歌，给人以荡气回肠的大气与生命力的豪迈之感。音乐，是一个载体，它连接着人与人之间的情感，是表达感情的众多方式中最为特别且有效的一种。如同饮食一般，音乐有着汇聚各国各民族人民欢聚一堂的魔力。伴随着曼妙的音符，似春风般徐徐飘来，荡漾着我们的心灵。此主题宴会设计取音乐与美食二者的精髓为一，宾客在美食中尽享梦幻般的音乐，如痴如醉，美轮美奂，更加有滋有味，丰富我们的味蕾。这就是“悦·梦”主题作品设计的最初灵

感来源。

2. 设计元素解析

白色的台布让人眼前一亮，宛若置身在音乐会的礼堂。白色代表着圣洁，是众多音乐家表演时的首选色彩，典雅且不失礼节。这里是一处音乐的舞台，更是一处人生的舞台。踩着钢琴键盘弹奏出优美旋律的少女，舞姿翩翩，她将一步步踏上人生舞台的巅峰。华丽的舞姿和高雅的音乐使这场盛会更加精彩！台面上的白色钢琴、旋转木马以及艺术插花相得益彰。席面上的嘉宾犹如来自各地的知己好友，他们因为同样热爱音乐的梦想而相聚在这里，享受着多姿多彩的人生……

（十七）作品之“声声慢”

1. 主题创意说明

本设计作品源自于宋代著名女词人李清照的作品《声声慢·寻寻觅觅》：“寻寻觅觅，冷冷清清，凄凄惨惨戚戚。乍暖还寒时候，最难将息。三杯两盏淡酒，怎敌他、晚来风急？雁过也，正伤心，却是旧时相识。”该作品通过描写所见、所闻、所感，抒发自己因国破家亡、天涯沦落而产生的孤寂落寞、悲凉愁苦的心绪，极富艺术感染力。一首首清丽婉转、幽怨凄恻的诗词寄托着词人的离情别绪，伤春悲秋，光景流连，令人回味不已；历史、人文、美景赋予设计者灵感，宴会主题的设计由此产生。

2. 设计元素解析

台面布草以白色、灰色为主，既显设计主题氛围的庄重，又透着

质朴与简洁、典雅与大方。台面餐具选用了白色镶嵌灰边的瓷器，尺寸适宜，整体与布草十分协调，再与挺拔秀丽的玻璃杯相结合，更加彰显主题的特点，营造出一种饮食文化氛围。台心装饰物设计采用了富有中国文化特色的诸多元素组成，选用颇具笔墨气息的黑石作为底座，白瓷伊人摆件寓意词人清照，古香古色的古筝、毛笔、书画、印章、印泥、九鸾凤钗书签等作为展示载体，与优雅的紫色艺术插花完美融合。一本清照词集，引出李清照的展书题词，形成了一幅浓郁的婉韵、隽秀美景。

（十八）作品之“无声”

1. 主题创意说明

本设计作品创意源自于唐代著名诗人白居易的作品《琵琶行》：“浔阳江头夜送客，枫叶荻花秋瑟瑟。主人下马客在船，举杯欲饮无管弦……忽闻水上琵琶声，主人忘归客不发……嘈嘈切切错杂弹，大珠小珠落玉盘。”一首清丽婉转、幽怨凄恻的诗歌寄托着诗人的离情别绪，通过写琵琶女生活的不幸，结合诗人自己在宦途所受到的打击，唱出了“同是天涯沦落人，相逢何必曾相识”的心声。社会的动荡、世态的炎凉，对不幸者命运的同情、对自身失意的感慨，一同倾于诗中；历史、人文、自然景色赋予了笔者灵感，“无声”宴会主题设计自此产生。

2. 设计元素解析

台面设计以白色、翠绿色为主，既显质朴与简洁，又显典雅与大方。餐具选用翠绿色的瓷器，轻盈通透，与布草十分协调，再与挺拔秀丽的玻璃杯

相结合，更加彰显主题的特点，营造出一种饮食文化氛围。口布选用灰色，典雅庄重。台面中心装饰物选用了颇具笔墨气息的黑石作为底座，上面放置檀木质琵琶、帆船、茶壶、茶杯、珍珠等作为展示载体，与红色枫叶完美融合，与主题和谐统一，独具匠心。

（十九）作品之“三味书屋”

1. 主题创意说明

本次摆台创意源自于绍兴鲁迅先生故里的著名景点：三味书屋。它是晚清绍兴府城内的著名私塾，也是鲁迅12岁至17岁求学的地方。塾师寿镜吾是一位方正、质朴和博学的人，他的为人和治学精神，给鲁迅留下难忘的印象。本主题宴会设计作品以此展开，将治学与美食结合一起，旨在为宾客带来学生时代美好、纯真的回忆。

2. 设计元素解析

台面设计以咖色为主，台布选用棉麻质的深、浅咖色，既显质朴与简洁，又显庄重与大方。口布选用墨绿色，具有点睛之意。餐具、杯具均选用黑色瓷质石头纹材质，质感虽粗糙，但韵味十足，和台布交相辉映，更增添了“三味书屋”的主题韵味，可谓妙

不可言。此外，黑色的餐具给人典雅之感，也使整个台面富有文化性、观赏性。台面中心装饰物选用了颇具笔墨气息的黑石作为底座，上面放置笔墨纸砚和戒尺等，与主题和谐统一、完美融合。

（二十）作品之“杏坛说”

1. 主题创意说明

本主题宴会“杏坛说”设计目的为弘扬儒家文化，专门为崇尚和热爱儒家文化的宾客享受美食与精神盛宴而设计。通过别出心裁的台面设计和氛围营造，使博大精深的儒家思想与精致美食相得益彰，将浓郁的中国文化演绎得淋漓尽致。

2. 设计元素解析

台面中心选用了颇具笔墨气息的黑石作为底座，中心装饰物主要由孔子杏坛讲学塑像、《论语》及弟子求学的人物摆件等组成，情景紧扣主题，人物栩栩如生，可见设计者的独具匠心。其中，杏坛讲学塑像代表孔子是儒家的先师、精神领袖、儒家思想的开创者。《论语》代表孔子开辟了儒家文化的大道。求学弟子象征大众对儒家文化的崇尚和追求，体现对弘扬儒家文化的一种践行。台面装饰物展现出儒家文化影响中国社会几千年，也传播到世界各地，各国都在学习、研究中国儒家文化，在中华传统文化中汲取营养。

第三节　2015年作品展示与解析

一、作品之“茶·韵”

（一）作品简介

“茶·韵”荣获2015年辽宁省职业院校技能大赛高职组中餐主题宴会设计赛项一等奖；由本书作者负责主题创意设计及台面设计、摆台操作、餐饮服务操作、互评指导。

（二）主题创意说明

“矮纸斜行闲作草，晴窗细乳戏分茶”。

“茶乃天地之精华，顺乃人生之根本”，因此道家有“茶顺即为茗品”的说法。在古代史料中，有关茶的说法很多，到了中唐时，茶的形义已趋于统一，后来，又因陆羽《茶经》的广为流传，“茶”的地位得到进一步确立，直至今天。

白居易在《山泉煎茶有怀》中就曾吟诵茶的传情意趣：“无由持一碗，寄与爱茶人。”古往今来，多少文人墨客通过茶传达自己对家事国事天下事的情感。虽然不同文人用不同的语风传递的形式各有差异，但对人们所产生的美感和品德效益都是相同的，这就是茶与人结下的千年之缘。

随着茶道的发展，各个时期的茶文化都彰显出来，不同的文化背景便形成中国四大茶道流派。贵族茶道生发于“茶之品”，旨在夸示富贵；雅士茶道生发于“茶之韵”，旨在艺术欣赏；禅宗茶道生发于“茶之德”，旨在参禅悟道；世俗茶道生发于“茶之味”，旨在享乐人生。而传承时间最长，影响面最广的当为雅士茶道。雅士茶道对于饮茶，主要不图止渴、消食、提神，而在乎导引人之精神步入超凡脱俗的境界。

雅士茶道讲究茶中四大雅士的结合，即茶、香、花、画。在一个完整的茶艺摆台中，四者共同组成一幅美丽的画卷。本次主题设计围绕雅士茶道中的四大雅士展开，提倡现代人在当下快节奏的生活中也应追求高雅的意境以及闲适的生活。

（四）设计元素解析

为了配合主题设计，台布采用棉麻质的深、浅咖色，颜色更增添了茶的韵味，使整个台面有一种宁静致远之感。在口布的选择上，采用墨绿色麻质口布，整个主题围绕绿色和咖色展开，墨绿色的口布更有画龙点睛之意。在椅套的选择上，选取与台布相同颜色的深咖色椅套，椅套与台布交相辉映，使整个气氛变得极为融洽。

餐台中心装饰物主要围绕茶具和木具进行造景。餐台中心平铺麻质鱼戏莲叶图，其上摆放微景观小桥一座，金鱼两只，营造出鱼在水中游的动感画面，配以小巧鹅卵石，使整个画面具有灵动感。棕檀木茶排上摆放精致典雅的汝窑茶具，其后是古色古香的鸡翅木仿古架，二者经茶品的衬托更显示出茶文化的精华。博古架上摆放茶杯、莲花摆饰、茶宠等物，在方寸之间将茶与灵动有机结合，丰富茶文化的内涵，同时又展示出饮茶的品位，让参宴者见证茶与木的亲密互动，感受其间的灵动碰撞。同时配木质旋转花器，其上摆放各种颜色的茶叶，最上摆放翠绿瓷质小鸟一只，底托上摆放精致花器一个，插入刚草等花卉，使木的粗壮、茶的芬芳、鸟的灵动三者有机结合，增添餐桌的生动性，让参宴者体会静雅之妙。创意的点睛之笔应该算是台中心

的倒流香摆件，深色瓷质倒流香炉，使整个台面增添了灵动之感。“茶”与“香”作为自然界的产物，吸收了日月精华，深得自然的秉性。且茶给人带来的清新、平和、理智与儒家的中庸之道极为吻合。两者相伴，相得益彰之余又显妙趣横生。

餐具选用黑色瓷质石头纹材质，质感虽粗糙，但茶的韵味和餐具的厚重交相辉映，更增添了茶的古韵，可谓妙不可言。黑色的餐具给人典雅之感，也使整个台面富有文化性、观赏性。翠绿色的汤勺可谓点睛之笔，绿色混杂在黑色中，给人很强烈的视觉冲击，且绿色给人清新之感，使参宴者在享受美食的同时，让心灵也得到了回归。

杯具选择与餐具质地相同的黑色酒杯，虽无高脚杯的通透典雅，却给人以沉稳之感，使参宴者感受中餐的魅力。

筷架选择与汤勺相同的翠绿色，二者交相辉映。木质的长柄勺与筷子，使台面富有自然的气息。筷套与牙签套选用高档铜版纸打印，主体颜色为墨绿色，使整个台面更具韵味。

在选手工装设计上，主体选用生机盎然的绿色，在茶深邃的韵味中透出一丝生机，与台面交相辉映，富有灵动感。

茶韵是品饮茶汤时所得到的特殊感受，感受茶的品质、风格，是一种感觉、一种象征、一种境界。本次主题设计以突出茶为中国带来的沉稳韵味为主线，通过摆放的物品烘托中国古韵古香古色，表达古茶古木与现代交融之感，可谓浑然一体。

（五）宴会菜单设计

1. 冷菜

祁门红熏鱼　　雨花茶凉瓜

毛尖拌山药　　竹叶青牛肉

冻顶茶豆腐　　茉莉香鹅蛋

2. 热菜

银针瓤海参　　碧螺焗鲍鱼

龙井烹虾球　　甘露熘扇贝

观音羊仔排　　普洱茶香骨

毛峰爆芦笋　　白毫杏鲍菇

雀舌蒸全鱼　　滇红酸辣汤

3. 主食

金瓜抹茶糕　　云雾煎葱饼

4. 果盘

香茗鲜果盘

5. 酒水

香甜柚子茶　　神仙品茶酒

（六）宴会菜单说明

“茶·韵”主题宴会的菜单设计采用中国传统茶文化与现代佳肴融合的模式。食谱设计以中国著名绿茶、红茶、花茶、白茶、茶酒等入肴，其选料广博，烹调方法多样，口味丰富，色彩绚丽，注重营养平衡。三大宏量营养素配比合理，主食粗细粮搭配，副食色彩艳丽，烹调方法涉及炒、爆、蒸、炸、红烧等多种技法，配以适量调配茶饮料使得此宴会更加丰富多彩。动物性原料丰富，适量补充人体必需的优质蛋白；蔬菜中的根、茎、叶、花果等品种齐全，提供大量的膳食纤维；另外还有丰富的豆制品。菜品的烹调方法

得当，饮品中提供了大量的维生素及矿物质。以柚子茶为代表的女士饮料，与传统茶酒完美搭配，仿佛让人嗅到酒香四溢、令人陶醉的清新味道。此宴会菜单色香味形俱佳并且数量适度，能够做到科学搭配、酸碱平衡，达到了营养平衡的膳食要求，适应大多数人群的需要。主题宴会从菜单设计到就餐用具融合中西方文化，充分彰显中国特色，南北结合、口味互补，完满地演绎了中国茶文化之精髓。

第三章　中餐主题宴会设计思考

一、职业技能大赛对酒店管理专业发展的影响

（一）顺应时代发展，紧跟市场需求

高等职业院校中酒店管理专业的人才培养目标一贯秉承“以服务为宗旨，以就业为导向”，这就意味着酒店管理专业的教学工作乃至职业技能大赛也必须顺应时代发展，紧跟市场需求。酒店管理专业的职业技能大赛依据大赛主办方的不同可分为不同级别，包括国家级、省级、市级及校级等，其中高级别的大赛通常会关注行业动态，汲取企业经验，咨询专业人士，进行严谨的市场调研与缜密的分析，从而确定竞赛内容、竞赛流程、评分标准、评分方法等。竞技水平越高的大赛其设计与组织越完善，越有利于院校专业发展，会促进行业进步，效果亦更显著。

（二）以赛促学，以赛促教，教学相长

无论何种级别的大赛，主办方于赛前都会向参赛方发放赛项规则文件，明确赛项名称、竞赛目的、竞赛内容、赛前须知、竞赛流程、竞赛方式、赛场规则、评分标准、评分方法、奖项设定等内容。对照这些要求和标准，在大赛准备过程中，指导教师要对参赛选手进行专门的有针对性的培养和训练，整个过程既可以提高教师的业务水平，同时也可以强化学生的技能操作，提高学生的专业技能水平，从而增强学生的就业竞争力。

（三）增进校际交流，开拓专业视野

各级别大赛不仅是比拼成绩和名次，同时更是一个校际切磋交流的好机会。中国地大物博，南北方文化差异大，教学理念和教学水平区别显著，因此指导教师和参赛选手之间互相学习和借鉴显得尤为重要。每组参赛队既可以展示自身风采，又可以相互沟通、共同交流，收获颇丰。此外，酒店管理是一门既崭新又极具实践性的专业，参赛队面对行业专家评委，可通过大赛了解行业最新资讯，走在行业最前沿。同时，高水平的大赛通常会邀请海外院校参加表演及观摩，打破国家与地域的限制。通过参加比赛，师生们可以了解不同地区的风土人情和民俗习惯，开阔视野、增长见识，受益匪浅。

二、中餐主题宴会设计对酒店行业的重要性及现状分析

在当今的体验经济时代，酒店餐饮的功能不仅仅是满足人们的生理需要，消费者追求的往往是精神层面的放松享受。主题宴会是借助某种文化之类的主题，以传统摆台为基础，向消费者提供宴会所需的菜肴、场所和服务礼仪的宴请方式。它需要运用一定的装饰物、餐具和色彩搭配来摆设整个台面，既能满足就餐者的需要，又要通过台面反映主题，营造具有特色的良好就餐氛围。因此，主题宴会的特色成为吸引消费者的重要方法，主题宴会设计已成为餐饮界的发展趋势，好的主题宴会必定会成为酒店的亮点，为其创造更多的经济效益和社会效益。

目前，虽说中餐主题宴会设计产品层出不穷，但普遍存在一些共性问题，如产品层次不高，缺乏文化内涵等。产品设计过多追求视觉效果，并不便于服务工作，如主题装饰物过于高大，容易阻挡客人视线，妨碍客人交流。菜单仅重视外观形式，忽略菜单设计原则等，直接影响了产品的市场推广性，亟须改进。

三、关于中餐主题宴会设计大赛及赛前准备工作

相对于中等职业教育来说，高等职业教育更为注重学生今后的可持续发展能力，而中餐主题宴会设计大赛便是酒店管理专业学生在专业技能竞技方面的必赛项目。竞赛内容通常以中餐主题宴会设计为主线，涵盖仪容仪表展示、中餐主题宴会设计（包括台面创意设计、菜单设计、中餐宴会摆台、餐巾折花、斟酒等）、现场互评、英语口语测试共六大部分。通过大赛，考核高职院校酒店管理专业学生的专业理论基础知识和现场操作能力，以及创新能力及应变能力等综合素质。因此，赛前训练中指导教师必须考虑选手综合素质的培养，进而使学生选手们更为受益。

参赛队在准备大赛前，指导教师需要深度解读大赛文件，构思出主题宴会设计的最佳创意，仔细筛选参赛选手，悉心指导其进行摆台技能训练。具体内容如下：

（一）参赛选手的选拔与气质培养

选手是能够顺利完成主题宴会大赛的表演者。因此，优秀的选手需要具备良好的形象和气质、较强的操作技能和学习能力、过硬的心理素质等。

（二）主题宴会名称的选定

中餐主题宴会的名称应符合中国人的风俗习惯和文化特征，这就要求指导教师与选手必须具备一定的知识储备才能选定具有较为贴切又富有创意的主题名称，同时还要考虑设计主题需为选手量身打造，符合选手外在形象和内涵气质。

（三）台面设计与摆台原料选购

整个台面设计应更为大胆并具有一定的创新性和欣赏性。依据美学设

计原理，需考虑到造型、色彩、质地、图案等诸多元素能否协调运用，从而达到台面设计的最佳效果。在选购摆件和插花造型时，需兼顾艺术性和观赏性，同时又要精巧和雅致，努力做到突出主题、雅俗共赏。

（四）选手摆台技能与技巧训练

摆台技能与技巧训练的方法多种多样，需结合选手情况灵活运用，比如单项训练与配套训练相结合，单一的餐巾折花训练、斟酒训练等。配套训练是选手将各个环节掌握后进行连贯的整体训练，并加以计时。课堂上的训练时间有限，针对难点与易错点，还得需要选手在课外反复训练才可熟能生巧。训练前，指导教师要讲清训练的内容和重点，并进行示范，培养学生养成良好的操作习惯。

总之，中餐主题宴会设计大赛不仅是选手选拔、确定主题、台面设计、原料选购、技能技巧训练的结合，它同时也是参赛队之间集体智慧与团队精神的比拼。

四、中餐主题宴会设计作品的创作过程——以“茶·韵”为例

中餐主题宴会设计作品“茶·韵”是笔者负责指导学生参赛的第一组作品。2015年，该作品经市赛的选拔、省赛的锤炼，以辽宁省一等奖的优异成绩直进国赛。忆当年，“茶·韵”的初次作品到最后的成品，集合了团队的力量。同学们以平日课堂上学习过的宴会设计课程作为基础，集思广益，确定主题，分工协作；指导教师把握思路，小

组成员分组收集素材，有的走访花店、有的收集餐具图片、有的收集布草图片、有的在实训室里设计配套物品等，然后汇总讨论，形成一组组精巧夺目的台面，然后再进行反复推敲和修改，不断推陈出新。

在作品的整个设计过程中，持续时间可能长达几个月乃至半年，我们常常会碰到这样的问题，即由谁来确定主题？如何确定主题？如果教师为学生规定主题，学生可能对既定主题领悟不深，理解不够透彻；如果教师不确定主题，由学生自由发挥，学生最后确定的主题又可能比较单薄，或者缺乏挖掘价值。学生在寻找主题素材时，往往视野会比较狭窄，缺乏思考的深度、理解的高度和参赛的经验。

为了能够帮助学生对中餐主题宴会设计摸清方向，找出规律，特以“茶·韵”中餐主题宴会设计作品的实践来说明中餐主题宴会设计的要素和应注意的问题。

（一）主题宴会设计可以从五个要素着手

它们分别是台面中心装饰物设计、布草设计、餐具和酒具设计、餐巾花型设计及其他配备物品设计。

首先，台面中心装饰物的设计，它是最重要的部分。例如，婚宴台面的设计需要围绕喜庆、恩爱的主题等，体现设计者的美好遐想。

其次，布草的设计，台布和口布在色彩和材质方面的和谐搭配十分重要，它是整个台面的视觉重点，选择应慎重，需要符合设计的主题。如果在市面上难以找到相应的布草，往往需要设计之后进行定制，甚至动用印染技术，这个设计环节需要花费大量的时间、精力和财力。

再次，餐具的选择，它需要和主题相得益彰。如果找不到合适的餐具，可以选用纯白色。如果找到了与主题相搭配的餐具，应结合主题和布草颜色，然后统一餐具色调。而餐具往往需要批量生产，所以很难实现定制，选择余地相对较小。

最后，如果台面需要鲜花和绿植的点缀，那么花型的选择和设计，其他

配套物品的设计（如菜单、牙签套、筷套等），都可以寻求专业人员帮助，进行定制。

（二）主题宴会设计究竟应先设计主题，还是先寻找素材

这一问题值得大家思考。由于高职学生文化底蕴不深，视野比较局限，平时很少收集各类有欣赏价值的物品或图片，因而在设计中，往往是先定主题，后找素材。虽然这样可以围绕主题有序开展，但是困惑还是很多的。比如特意去寻找符合主题的其他相关元素，需要花费大量的时间和精力才有可能实现。

曾经有些老师说：主题创意需要平时不断地去观察和发现才能有灵感，然后不断地积累素材，等到需要时候可以直接拿出即用。我们平时在逛街、旅游、走亲访友或游览古迹时，如果多些心思去揣摩，或许会增加很多灵感，有了素材，再加上文字的描述，主题自然就出来了。所以，教育的重心还是在于平时，要不断地培养学生的审美观，不断地收集素材，不断地学习，才能有优秀的作品。

（三）主题宴会设计需要团队用心、用情去创作

中餐主题宴会设计源于用心和用情，需要指导教师和参赛选手迅速组成一个默契配合的高效团队。其中，构思主题、设计台面是创作的难点，也是对指导教师和参赛选手的挑战。教师合理引导，学生用心创作，不仅可以培养学生的兴趣，还可以提升学生的审美观，培养学生的创意灵感。指导教师需要不断引导和激发参赛选手，只有激发了学生思想灵感的火花，宴会的主题、创意、设计、作品、兴趣才会真正地出现。只有切入主题，坚持不懈，才能找到成功的出口，实现教师和学生的自我突破，才可以把大赛成果和专业教学推向更高的阶段。

中餐主题宴会摆台是我国高职酒店管理专业每年举办学生技能大赛的一个特色项目，也是酒店行业提升档次、提高星级服务技能的亮点。主题宴会

设计最重要的是要培养和锻炼学生的创意设计能力，提升专业技能水平。它要求学生有一定的审美观，它要求学生能够吃苦耐劳，不仅要收集材料，更要在收集材料的过程中找到灵感。与此同时，我们还需要结合地方特色，通过主题宴会设计的实践，总结和领悟主题宴会设计的基本要素，提升学生的专业技能和综合素质，从而在大赛取得成绩之后增强学生的自信心和就业竞争力。

总之，高职院校酒店管理专业的中餐主题宴会设计比赛不仅是参赛队团队合作精神的比拼，更是增进校际交流、开拓专业视野、以赛促学、以赛促教的绝佳时机。该项赛事以其一流的水准和严密的组织，已成为当前我国职业教育改革发展成果展示的舞台及校企合作交流的平台，同时也为社会各界提供了零距离深入了解职业教育的良机。

第四章　中餐主题宴会设计赛项

第一节　2017年全国职业院校技能大赛高职组“中餐主题宴会设计”赛项规程

一、赛项名称

赛项编号：GZ-2017040

赛项名称：中餐主题宴会设计

英语翻译：Chinese-Style Banquet Design

赛项组别：高职组

赛项归属产业：现代服务业

二、竞赛目的

竞赛目的是充分发挥技能大赛引领专业建设及课程改革的提升作用，促进酒店管理、旅游管理专业的建设及人才的培养进程，以满足社会对酒店管理、旅游管理专业技术技能人才的需求。通过本赛项，可以进一步加强高职院校酒店管理、旅游管理专业的建设；推进在行业发展背景下的教学改革，促进校企深度合作；推动工学结合人才培养模式的改革与创新；检验高职学生的创新能力、应变能力、综合职业能力和职业素养等。

三、竞赛内容

比赛内容包括中餐宴会接待方案创意设计、中餐主题宴会摆台设计、现场互评、餐饮服务操作和餐饮服务英语口语测试。

（一）中餐宴会接待方案创意设计

中餐宴会接待方案创意设计为团体竞赛项目，要求参赛团队3名选手根据确定的主题，现场讨论，并在规定时间内按要求完成设计文案。提交电子版和打印版文案。文案字数须在2 500~3 000字，以电脑统计字符数（不含空格）为准。比赛创意主题范围于赛前公布，比赛开始前15分钟，由裁判长抽取比赛创意题目。比赛安排在计算机机房进行，赛前抽签确定考场和赛位，考场提供台式计算机和打印设备，现场不提供上网环境。

比赛时间为180分钟，该项分值为30分。该环节不安排观摩。

（二）现场操作

现场操作包括中餐主题宴会摆台设计（含台面创意设计评分和摆台操作）、现场互评和餐饮服务操作，均为个人竞赛项目，由团队成员通过抽签确定每个队员的比赛项目，赛前抽签确定分组和赛位，在操作现场完成比赛。

1. 中餐主题宴会摆台设计

摆台设计包括台面创意设计、中餐宴会摆台操作、主题装饰物制作等。台面直径1.8米，按八人位摆台。主要考察选手操作的熟练性、规范性以及选手对中餐饮食文化的理解等。本环节18分钟，其中准备时间3分钟，现场操作15分钟。主题宴会摆台创意设计分值20分、摆台操作分值10分。

2. 现场互评

参赛选手需通过抽签对同组比赛的另外一个参赛作品进行评析，阐

述其主题设计各要素的优点与不足，并回答裁判提出的问题。该环节考察选手对专业知识的掌握以及其创新能力、应变能力等。本环节20分钟，其中准备时间15分钟，每名选手阐述3分钟，问答2分钟。现场互评分值15分。

3. 餐饮服务操作

本环节主要完成开瓶、红酒示酒、收撤餐具等台面整理工作，以及酒水斟倒等。餐饮服务所使用台面系各代表队的参赛台面，主要考核选手服务操作的熟练性、规范性以及对服务过程的现场控制应急预案的掌握情况等。本环节在现场互评准备结束后进行，分两批操作。本环节16分钟，其中准备时间1分钟，选手操作时间15分钟。餐饮服务操作分值10分。

（三）餐饮服务英语口语测试

餐饮服务英语口语测试，团队3位选手全部参加，分别进行测试，每位选手需完成5道题，其中中译英、英译中各2道，情景对话1道。该项目测试采用问答形式，赛前提供题库。主要考察选手的英语口语表达能力及专业英语水平。英语口语每人测试时间为5分钟。该项目分值为15分。计算3人平均成绩后计入团队成绩。

四、竞赛方式

（1）比赛为团队赛。

（2）每支参赛队由3人组成。

（3）每队指导教师不超过2人，指导教师一旦确定不得随意改变。每个参赛省（自治区、直辖市）配领队1名。

（4）不允许跨校组队。

（5）比赛邀请境外院校代表队参赛或表演。

五、竞赛流程

具体流程根据参赛队伍数量编排。

时间	比赛内容	参赛人员
第一天	报到、熟悉比赛场地	全体参赛选手
	领队会、抽签分组	各参赛队领队
	中餐宴会接待方案创意设计比赛	各参赛队
第二天	开幕式	全体参赛选手
	现场操作比赛（包括中餐主题宴会摆台、餐饮服务操作、现场互评）	第1组至第7组参赛选手
	餐饮服务英语口语测试	第9组至第15组参赛选手
第三天	现场操作比赛（包括中餐主题宴会摆台、餐饮服务操作、现场互评）	第8组至第15组参赛选手
	餐饮服务英语口语测试	第1组至第8组参赛选手
第四天	裁判员点评会、闭幕式	全体参赛选手
	离会	

（一）中餐宴会接待方案创意设计参赛流程

创意设计参赛流程如下：

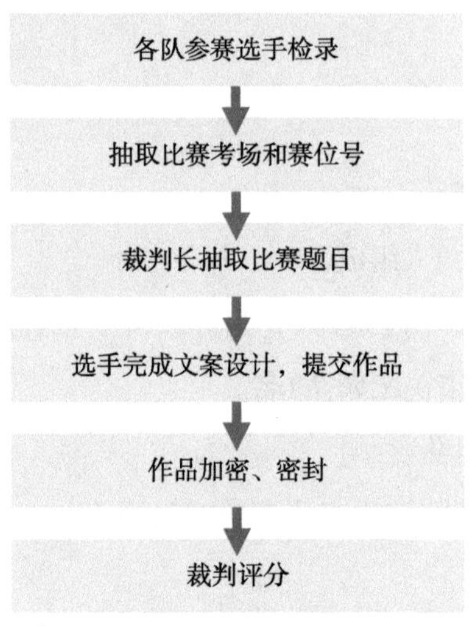

（二）现场操作参赛流程

现场操作参赛流程如下：

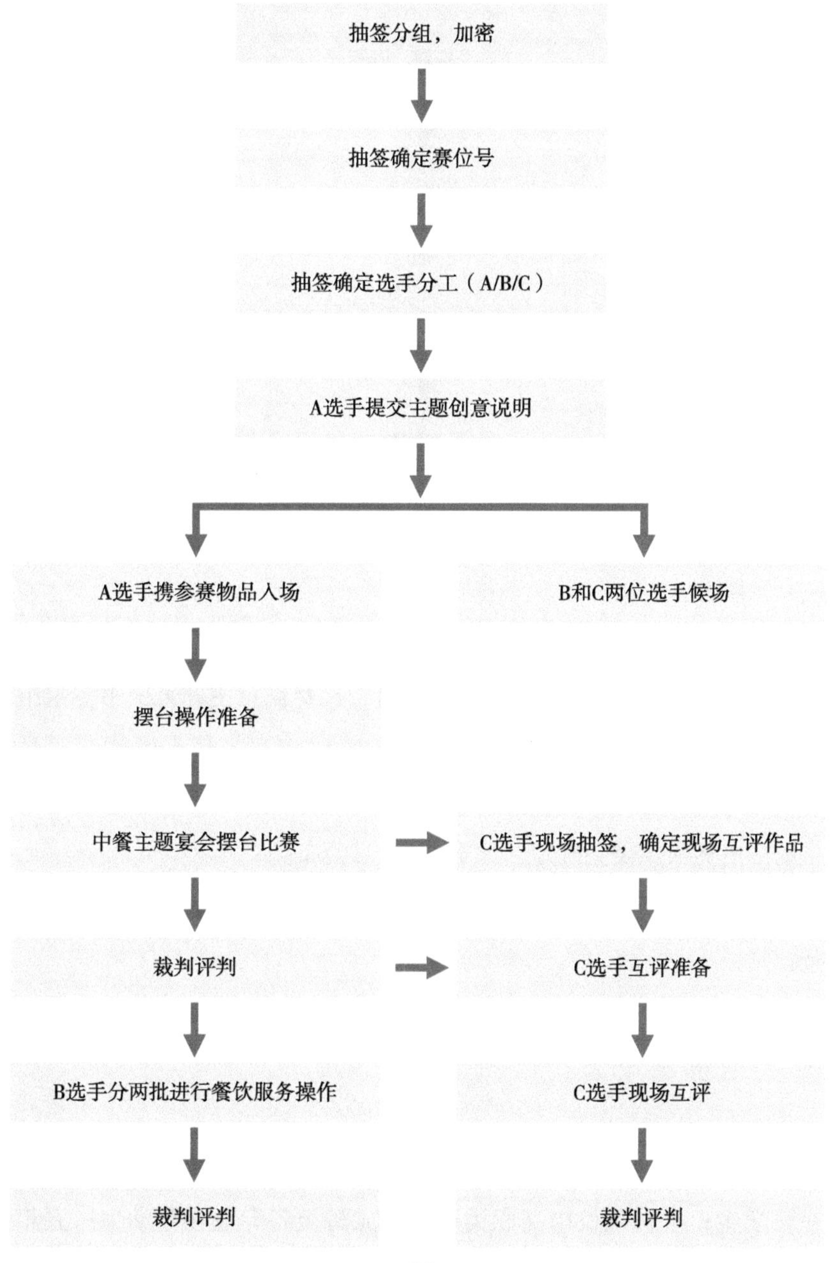

（三）餐饮服务英语口语测试参赛流程

口语测试参赛流程如下：

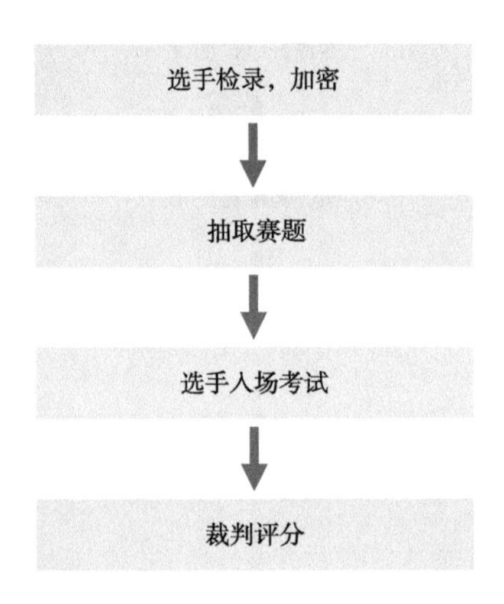

六、竞赛试题

（1）中餐宴会接待方案创意设计项目，比赛创意主题范围由专家组统一命题，比赛前1个月公布。

（2）中餐主题宴会摆台设计、餐饮服务操作、现场互评项目、比赛设备及用品规格由赛项执委会确定，比赛前1个月公布。

（3）餐饮服务英语口语测试项目，题库由专家组统一命题，比赛前1个月公布。

七、竞赛规则

（1）参赛队及参赛选手资格：参赛选手须为高职高专全日制旅游大类各专业在籍学生；本科院校中高职类全日制旅游类各专业在籍学生；五年制高

职四、五年级学生可报名参加高职组比赛。高职组参赛选手年龄须不超过25周岁。

（2）中餐宴会接待方案创意设计项目的比赛题目，由裁判长现场抽签确定。

（3）各选手参加现场操作的具体项目现场抽签决定。

（4）报到当天可熟悉比赛场地，但不得进行现场练习。

（5）参赛选手按规定时间到达指定地点，凭参赛证、学生证和身份证（三证必须齐全）进入赛场，同时将参赛设施设备带入场地。选手迟到10分钟取消比赛资格。

（6）中餐主题宴会摆台设计的餐具、酒具等由赛会承办方统一提供，布草、装饰物等由各参赛队自行准备、使用。

（7）参加摆台操作选手检录时需提交主题设计说明书。

（8）摆台主题设计说明书、自备餐具、布草等上面不能出现××代表队或××院校字样。选手在比赛过程中，不能说明自己的代表队或参赛院校。

（9）各队参赛作品的台面中心装饰物，须由选手现场制作完成。

（10）现场互评项目的评价对象，在中餐主题宴会摆台项目比赛结束后现场抽签决定。

八、技术规范

（1）参照教育部职成司发布的《高等职业学校专业教学标准（试行）》（旅游大类）中的“酒店管理”专业教学标准。

（2）参考酒店业中餐服务的行业要求。

（3）参照国家旅游局旅游饭店服务技能大赛中餐宴会服务标准。

九、技术平台

（一）设施设备

1. 计算机机房

机房提供物品如下：

品名	型号	技术参数	备注
电脑	台式	Win7操作系统、Office2010版办公系统，Photoshop软件	统一提供
打印机	激光打印	A4	统一提供

2. 操作现场

现场提供物品如下：

品名	型号	技术参数	备注
电脑	台式	Win7操作系统、Office2010版	统一提供
投影仪	松下PT	标准	统一提供
餐台	圆形	直径180cm、高75cm	统一提供
餐椅	软面无扶手椅	椅子总高度95cm、椅面45cm×45cm、椅背47cm×39cm	统一提供
工作台	长方形	90cm×180cm	统一提供

（二）用具及耗材

1. 用具

用具如下：

品名	型号	技术参数	备注
桌裙（装饰布）	标准	铺好后离地面不超过3cm	自备
台布	标准	与桌裙（装饰布）协调	自备
口布	正方形	边长45cm~60cm	自备
主题装饰物	无	无	自备
餐碟	瓷质	赛前公布	统一提供
汤碗、汤勺	瓷质	赛前公布	统一提供
味碟	瓷质	赛前公布	统一提供
筷架	金属质	赛前公布	统一提供
长柄勺	金属质	赛前公布	统一提供
水杯	玻璃质	赛前公布	统一提供
葡萄酒杯	玻璃质	赛前公布	统一提供
白酒杯	玻璃质	赛前公布	统一提供
筷子	木制	配筷套	自备
牙签	小包装	与餐具协调，符合主题创意	自备
菜单	无	菜品及装帧符合主题创意	自备
公用餐具	无	方便客人使用	自备
桌号牌	无	无	自备
托盘	圆形或长方形 防滑托盘	圆形直径40cm~50cm， 长方形35cm × 45cm	自备
平盘	圆形	18寸	统一提供
海马刀	无	赛前公布	统一提供

2. 耗材

品名	型号	技术参数	备注
红葡萄酒	瓶装	750ml	统一提供
红星二锅头	瓶装	53度500ml	统一提供
可乐	听装	330ml	统一提供
消毒巾	棉质	30cm×30cm	统一提供

承办方统一提供的设施设备、耗材及用具的图片和规格信息，提前1个月在大赛官方网站公布，以公布为准。

十、成绩评定

赛项裁判组本着“公平、公正、公开、科学、规范”的原则，对各个比赛项目进行综合评价，最终按总分得分高低确定奖项归属。

（一）评分标准

评分标准见本章第二节。

（二）评分方法

（1）比赛总成绩满分100分。其中：中餐宴会接待方案创意设计项目30分，现场操作测试55分（其中主题宴会摆台的创意设计20分、摆台操作10分、选手现场互评15分、餐饮服务操作10分），餐饮服务英语口语测试15分。具体评分方法见本章第二节。

（2）竞赛名次按照得分高低排序。当总分相同时，按照现场操作得分、餐饮服务接待方案创意设计得分、英语成绩得分排序。

（3）各项成绩会按照相关规定公布。如对成绩有异议，请按规定向大赛仲裁组提出复核申请。

（三）成绩复核

为保障成绩评判的准确性，监督组将对赛项总成绩排名前30%的所有参赛队伍（选手）的成绩进行复核；对其余成绩进行抽检复核，抽检覆盖率不得低于15%。如发现成绩错误以书面方式及时告知裁判长，由裁判长更正成绩并签字确认。复核、抽检错误率超过5%的，裁判组将对所有成绩进行复核。

赛项最终得分按100分制计分。最终成绩经复核无误，由裁判长、监督人员签字确认后公布。

（四）裁判员选聘

按照《2017年全国职业院校技能大赛专家和裁判工作管理办法》建立全国职业院校技能大赛赛项裁判员信息库，由全国职业院校技能大赛执委会在赛项裁判员信息库中抽定赛项裁判人员。裁判长由赛项执委会向大赛执委会推荐，由大赛执委会聘任。本赛项共安排21名裁判，包括加密裁判2名和总裁判长1名。

十一、奖项设定

（1）竞赛设参赛代表队团队奖，以赛项实际参赛队总数为基数，一等奖占比10%，二等奖占比20%，三等奖占比30%。

（2）获得一等奖的团队的指导教师由组委会颁发“优秀指导教师证书”。

第二节　2017年全国职业院校技能大赛高职组“中餐主题宴会设计”赛项评分细则

为保证2017年全国职业院校技能大赛中餐主题宴会设计赛项的顺利进行，本着“公正、公开、公平”的竞赛原则，特制订本细则。

比赛总成绩满分100分。其中：中餐宴会接待方案创意设计项目30分，现场操作测试55分（其中主题宴会摆台的创意设计20分、摆台操作10分、选手现场互评15分、餐饮服务操作10分），餐饮服务英语口语测试15分。具体评分方法如下：

一、中餐宴会接待方案创意设计

（一）评分方法

该项目裁判员共5人，根据参赛队提交的中餐宴会接待方案创意设计文案进行评分，可参考参赛队提交的电子稿。

5位裁判独立评分，去掉1个最高分和1个最低分，计算平均分作为每队成绩，小数点后保留两位。

（二）评分标准

评分标准如下：

中餐宴会接待方案创意设计评分标准（共30分）

项目	内容及标准	分值	扣分	得分
服务情景设计（6分）	能依据主题，准确阐述接待任务	2		
	清楚、全面阐述客人的特点	2		
	设定服务要素（时间、地点、参加人员）全面准确	2		

续表

项目	内容及标准	分值	扣分	得分
服务设计（6分）	根据工作计划，明确分工	1		
	根据宴会需要，设计服务项目合理，流程科学	2		
	工作质量检查全面、有效	1		
	个性化诉求合理，服务方式科学	1		
	背景音乐使用、环境装饰等考虑全面、设计合理	1		
台面设计（6分）	中心装饰物比例合适，设计精美，展现主题准确	2		
	餐具规格合理、统一、精美、实用，展现主题准确	2		
	布草质地环保、优良，色彩、图案与主题呼应	1		
	选手服装符合岗位工作要求，设计合理，展现主题	1		
预案设计（3分）	预案符合酒店实际经营情况，涉及内容全面	1		
	处理突发事件的方案完善、科学	2		
菜单设计（4分）	菜单外观设计精美、新颖	1		
	菜品数量合理、菜肴搭配合理，营养均衡	2		
	菜品售价与成本设计合理，符合酒店经营实际	1		
文案设计（2分）	表述清晰、逻辑性强	1		
	版面设计合理、图文并茂	1		
综合印象（3分）	格式整齐，外观精美	1		
	全面、合理、可操作性强	1		
	主题创意设计符合酒店经营实际，能推广	1		
字数不符合要求扣1分		扣分：		
合计				

二、现场操作测试

（一）评分方法

现场操作评分包括中餐主题宴会摆台设计、中餐宴会摆台操作、现场互评和餐饮服务操作4个部分。该项目裁判员为10名，主题组、测量组各5名。主题组裁判员负责对中餐主题宴会摆台的创意、菜单设计、现场互评以及互评选手的仪容仪表进行评判。测量组裁判员负责摆台操作比赛过程中操作规范、摆台标准、餐饮服务操作以及摆台选手和餐饮服务操作的选手的仪容仪表进行评判。其中仪容仪表作为扣分项目。

裁判独立评分，去掉所有裁判中的1个最高分和1个最低分，计算出平均分作为选手该项最终成绩，小数点后保留两位。

（二）评分标准

1. 中餐主题宴会摆台设计评分标准

摆台设计评分标准如下：

中餐主题宴会摆台设计（共20分）				
项目	内容及标准	分值	扣分	得分
主题创意（8分）	台面设计主题明确，创意新颖独特，具有时代感	2		
	台面整体设计能紧密围绕主题	2		
	主题设计外形美观，具有较强观赏性，主题设计规格与餐桌比例恰当，不影响就餐客人餐中交流	2		
	现场制作中心艺术品	2		
台面用品（4分）	台面用品整体美观，具有强烈艺术美感	1		
	布草色彩、图案与主题相呼应	1		

续表

项目	内容及标准	分值	扣分	得分
台面用品（4分）	台面物品、布草（含台布、餐巾、椅套等）的质地环保，选择符合酒店经营实际	1		
	台面用品的选择和摆放方便客人就餐	1		
菜单设计（4分）	菜单设计的各要素（例如颜色、背景图案、字体、字号等）合理，与主题一致，菜单整体设计与餐台主题相统一，外形有一定艺术性	1		
	菜品设计（菜品搭配、数量及名称）合理，符合主题	1.5		
	菜品设计能充分考虑成本等因素，符合酒店经营实际	1.5		
服装（2分）	选手服装及装饰符合酒店工作要求	1		
	服装设计与主题呼应	1		
总体印象（2分）	整体设计和谐，注重细节	1		
	主题设计具有可推广性	1		
实际得分：				

2. 主题宴会摆台操作评分标准

摆台操作评分标准如下：

主题宴会摆台操作标准（共10分）				
项目	操作程序及标准	分值	扣分	得分
台布及装饰布（1.2分）	台面平整，凸缝朝向主副主人位	0.4		
	下垂均等	0.4		
	装饰布平整且四周下垂均等	0.4		

续表

项目	操作程序及标准	分值	扣分	得分
餐椅定位（1.6分）	从主人位开始拉椅定位	0.4		
	座位中心与餐碟中心对齐	0.4		
	餐椅之间距离均等	0.4		
	餐椅座面边缘与台布下垂部分相切	0.4		
餐碟（或装饰盘）定位（1.8分）	碟间距离均等	0.8		
	相对餐碟、餐桌中心、餐椅点六点一线	0.4		
	距桌沿1.5cm	0.4		
	拿碟手法正确（手拿餐碟边缘部分）、卫生	0.2		
味碟、汤碗、汤勺（0.6分）	味碟位于餐碟正上方，相距1cm	0.4		
	汤碗汤勺摆放美观	0.2		
筷架、筷子、长柄勺、牙签（1分）	筷架摆在餐碟右边，位于筷子上部1/3处	0.2		
	筷子、长柄勺搁摆在筷架上，长柄勺距餐碟均等	0.4		
	筷尾距餐桌沿1.5cm，筷套正面朝上	0.2		
	牙签位于长柄勺和筷子之间，牙签套正面朝上，底部与长柄勺齐平	0.2		
葡萄酒杯、白酒杯、水杯（1.8分）	葡萄酒杯在味碟正上方2cm	0.4		
	白酒杯摆在葡萄酒杯的右侧，水杯位于葡萄酒杯左侧，杯肚间隔1cm	0.8		
	三杯成斜直线，与水平线呈30° 角。如果折的是杯花，水杯待餐巾花折好后一起摆上桌	0.4		
	摆杯手法正确（手拿杯柄或中下部）、卫生	0.2		

续表

项目	操作程序及标准	分值	扣分	得分
总体印象（2分）	操作过程中托盘外展，托盘面平行于地面	0.5		
	餐巾花的花型美观，能很好地体现主题	0.5		
	操作过程中动作规范、娴熟、敏捷、声轻	0.5		
	操作过程中的姿态优美	0.5		
物品落地：________件		扣_______分		
物品碰到：________件		扣_______分		
物品遗漏：________件		扣_______分		
逆时针行走：______次				
仪容仪表扣分：				
实际得分：				

3. 餐饮服务操作评分标准

餐馆服务操作评分标准如下：

餐饮服务操作（共10分）				
项目	操作程序及标准	分值	扣分	得分
开红葡萄酒（4分）	示酒手势标准、站位合理	0.5		
	用专用开瓶器（海马刀）上的小刀，切除红葡萄酒瓶口的封口（胶帽），胶帽边缘整齐	1		
	开瓶时瓶身稳定无转动	0.5		
	用开瓶器上的螺杆拔起软木塞，软木塞完整无损，无落屑	0.5		

续表

项目	操作程序及标准	分值	扣分	得分
开红葡萄酒（4分）	将软木塞转出并放在小碟中	0.5		
	用口布擦拭瓶口	0.5		
	操作规范、卫生、优雅	0.5		
酒水斟倒（4分）	主人杯中倒入30ml进行鉴酒	1		
	酒标朝向客人，在客人右侧服务	0.5		
	斟倒酒水的量：白酒、苏打水及饮料八分满；红葡萄酒五分满	1.5		
	斟倒酒水后收撤多余餐酒具	1		
综合印象（2分）	服务过程中托盘操作动作规范	1		
	操作姿态优美、声轻	1		
物品落地：＿＿＿＿件		扣＿＿＿＿分		
物品碰到：＿＿＿＿件		扣＿＿＿＿分		
物品遗漏：＿＿＿＿件		扣＿＿＿＿分		
逆时针行走：＿＿＿＿次		扣＿＿＿＿分		
斟倒酒水时每滴一滴扣1分，每溢一摊扣2分		扣分：		
仪容仪表扣分：				
实际得分：				

4. 现场互评评分标准

现场互评评分标准如下：

现场互评（共15分）				
项目	内容及标准	分值	扣分	得分
对主题创意的认识（3分）	对主题创意设计分析准确，能发现亮点	2		
	对主题创意的改进意见	1		
对主题设计的评价（4分）	对主题本身各要素的评价准确、恰当	1		
	对台面用品的评价准确、恰当	1		
	对选手工装、饰品的评价准确、恰当	1		
	能发现亮点找出不足	1		
对菜单设计提出的意见和建议（3分）	对菜单设计要素分析到位	1		
	对菜品设计（数量、菜品搭配、成本）的分析准确到位	2		
问题回答（2分）	回答准确	1		
	语言流畅、表述清晰、准确	0.5		
	措辞规范，能体现从业者素质和理论水平	0.5		
口头评析（3分）	表述规范，能体现从业者素质和理论水平	1		
	简练、清晰、准确，有较强的逻辑性	1		
	音量适中，姿态优美	1		
仪容仪表扣分：				
合计				
阐述时间：3分钟（3分钟停止，提前完成不扣分）				

5. 仪容仪表扣分标准

仪容仪表扣分标准如下：

仪容仪表扣分标准			
项目	细节要求	分值	扣分
头发及面部（0.2）	男士：		
	干净、整齐，后不及领，侧不盖耳，着色自然，发型美观大方	0.1	
	不留胡及长鬓角	0.1	
	女士：		
	后不过肩，前不盖眼，干净、整齐，着色自然，发型美观大方	0.1	
	淡妆	0.1	
手及指甲（0.2分）	干净，指甲修剪整齐	0.1	
	不涂有色指甲油	0.1	
服装（0.2分）	符合主题要求，整齐干净	0.1	
	无破损、无丢扣，熨烫挺括	0.1	
鞋、袜（0.2分）	符合岗位或主题要求的鞋子；干净，擦拭光亮、无破损	0.1	
	男士：深色；女士：干净；无褶皱、无破损	0.1	
首饰及徽章（0.1分）	不佩戴过于醒目的饰物	0.1	
综合印象（0.1分）	礼注重礼节礼貌，面带微笑，举止大方、优雅	0.1	
合计		1	

（三）现场比赛要求

（1）按中餐正式宴会摆台（八人位）。

（2）选手必须佩戴参赛证提前进入比赛场地，裁判员统一口令“开始准备”进行准备，中餐摆台准备时间3分钟，餐饮服务操作准备时间1分钟。准备就绪后，举手示意。

（3）选手在裁判员宣布“比赛开始”后开始操作。

（4）比赛开始时，选手站在主人位后侧。比赛中所有操作必须按顺时针方向进行。

（5）所有操作结束后，选手应回到工作台前，举手示意“比赛完毕”。

（6）除台布、桌裙或装饰布、花瓶（花篮或其他装饰物）和主题名称牌可徒手操作外，其他物品均须使用托盘操作。

（7）餐巾准备无任何折痕；餐巾折花花型不限，但须突出主位花型，整体挺括、和谐，符合台面设计主题。

（8）餐巾折花和摆台先后顺序不限。

（9）比赛中允许使用装饰盘垫。

（10）选手须准备3份菜单，其中2份摆台时使用，1份放在工作台现场互评时使用。

（11）组委会统一提供餐桌转盘（直径1米、玻璃材质），比赛时是否使用由参赛选手自定。如需使用转盘，须在抽签之后说明。

（12）比赛评分标准中的项目顺序并不是规定的操作顺序，选手可以自行选择完成各个比赛项目，但斟酒必须在餐椅定位之后进行。

（13）主题设计中心艺术品须现场制作，如使用成品或半成品，酌情扣分。

（14）餐饮服务项目中，对8位客人设定顺序，主宾为1号，主人为2号，其余依次为3~8号。斟倒酒水的顺序为：主宾（1号）、主人（2号）为红酒，3、5、7号为白酒，4、6、8号为可乐。红酒可徒手完成，白酒、可乐须使用

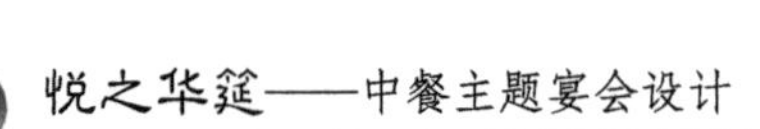

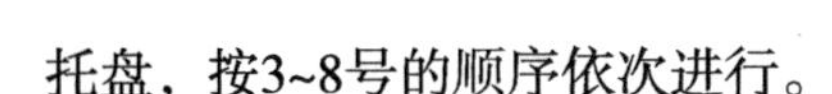

托盘，按3~8号的顺序依次进行。

（15）物品落地每件扣3分，物品碰倒每件扣2分；物品遗漏每件扣1分；逆时针操作扣1分/次。

（16）选手须提前准备中餐主题宴会设计的主题创意书面说明书（包括主题名称、主题内涵、菜单设计说明等，字数不少于1 000字），说明书提前打印好6份，并在检录时统一上交。

（17）仪容仪表是选手应达到的基本要求，不符合要求的直接在评分表中扣分。

三、餐饮服务英语口语测试

（一）评分方法

该项目裁判由3人组成。该项目主要考察选手的英语表达能力及专业英语水平。每位选手需回答5道题（其中中译英、英译中各2道，情景对话1道）。

裁判独立评分，直接算出每位选手的平均分，小数点后保留两位，每队3位选手得分的平均分为该代表队最后得分。

（二）评分标准

评分标准如下：

餐饮服务英语口语测试评分标准（15分）				
项目	评分细则	分值	扣分	得分
中译英（5分）	发音准确，语调标准、纯正	2		
	语法、词汇使用准确，意思表达无偏差，无漏译	3		
英译中（4分）	能准确理解题意；反应敏捷	2		
	意思表达无偏差，无漏译	2		

续表

项目	评分细则	分值	扣分	得分
情景对话（6分）	反应敏捷、能准确理解题意	1		
	发音准确，语调标准	1		
	自然、流畅表达思想与观点，表述逻辑性强	2		
	符合行业实际经营情况	2		
合计				

（三）评分说明

1. 评分原则

（1）准确性：选手语音语调及所使用语法和词汇的准确性。

（2）熟练性：选手掌握岗位英语的熟练程度。

（3）灵活性：选手应对不同情景和话题的能力。

2. 评分说明

13~15分：语法正确，词汇丰富，语音语调标准，熟练、流利地掌握岗位英语，对不同语境有较强反应能力，有较强的英语交流能力。

10~12分：语法与词汇基本正确，语音语调尚可，允许有个别母语口音，较熟悉岗位英语，对不同语境有一定的适应能力，有一定的英语交流能力。

8~11分：语法与词汇有一定错误，发音有缺陷，但不严重影响交际。对岗位英语有一定了解，对不同语境的应变能力较差。

7分以下：语法与词汇有较多错误，停顿较多，严重影响交际。岗位英语掌握不佳，不能适应语境的变化。

后 记

年华似水，岁月飞逝，蓦然回首，笔者竟已在教育行业耕耘将近十二载了……

曾有人说，教师是火种，点燃了学生的心灵之火；教师是石阶，承托着学生一步步踏实地向上攀登。“起始于辛劳，收结于平淡”是对我们教育工作者人生现实的写照。涉世之初，我毫不犹豫地选择了这个职业，如今梦想成真，追求着并快乐着。十二年的教学生涯，走上三尺讲台，教书育人，走下三尺讲台，为人师表。虽然偶尔会感到忙碌和辛劳，但每天沐浴着阳光、雨露，徜徉在象牙塔里，与那些活力四射的年轻人在一起，感受着青春的朝气和生命的神圣美丽，即使并没有做出惊天动地的伟业，但心中却一直向往美好，无比充实，充满着正能量与成就感……

教师是推动社会进步的人，一名教师的成长自然也需要一片肥沃的土壤。据相关调查资料表明，一名教师从入门到胜任工作，至少需要三年的教学实践，再到独立承担教学任务和尝试创造性教学需要四到八年的时间，从成熟到最佳水平的发挥则需要八到十五年的时间，而做出成果阶段则需要十五至三十年。因此，想成为一名优秀的教师，并非一朝一夕可以做到的。教师的成长需要心理上的成熟，对学生心理的把握，教学艺术的精湛，教学理论的升华等多方面的积累和沉淀。

有一本名为《骨干教师成长》的书，它是教育家魏书生、李镇西两位共同撰写的，书中谈到作者的教育理念，他们认为：教书第三位，育人第二位，自强第一位。即教师成长的外部环境固然重要，但绝不能忽视内部环境，内因决定外因。

“人生有高度，态度决定一切”。平日里，一名教师的人生高度，更多地应体现在日常教育教学活动中，备课、讲课、批改作业、开班会、谈心、走访寝室、组织活动、指导比赛等，哪怕再细小的工作，都应该渗透进用心和智慧。对待每一个学生，无论他多么玩世不恭或是愚笨，都应视如己出，充满耐心和爱心。

在这里，借用一个小故事——《让自己“跑起来”》：

两只青蛙不小心掉进了路边的一只牛奶罐里，牛奶罐里的牛奶不多，但却足以让青蛙们体验什么叫作灭顶之灾。一只青蛙想：完了，全完了，这么高的牛奶罐，我永远也出不去了，于是它很快地沉了下去。另一只青蛙看见同伴沉没于牛奶中，它并没有放弃，而是不断告诫自己：上帝给了我坚强的意志和发达的肌肉，我一定能跳出去。于是，它鼓起勇气，鼓足力量，一次又一次奋起、跳跃，让自己“跑起来”，生命的力量与美展现在它每一次的搏击与奋斗中。不知过了多久，它突然发现脚下黏稠的牛奶变得坚实起来。原来，它的反复践踏和跳动，已经把液状的牛奶变成了一块奶酪！不懈的“跑起来”终于换来了自由的那一刻。它从牛奶罐里轻松地跳了出来，重新回到了绿色的池塘里。

我们身处的是一个飞速发展的时代，似乎在一夜之间，双师型、信息化、职业化等新概念便充斥了我们的生活，使我们也像那两只青蛙一样，陷入了前所未有的挑战与危机之中。我们要战胜这些挑战与危机，成为一名称职的新时代教师，成为一名职业的、业务精湛的教师，让自己迅速地“跑起来”，永远记得学历只代表过去，只有终身保持学习力才能创造未来。在一个学习型社会中，终身学习必将贯穿人的一生。人只有学习得精彩，才能生活得精彩；只有学习得成功，事业才能取得成功。

“先当学生，后当先生”，这是我们教书育人的准则。一个没有书香底蕴的老师，专业成长将会乏力，自身发展后劲将会严重不足，课堂教学也会缺少灵气与智慧。我们要及时给自己“充电”。通过学习，吸收新知识，主动进行自主研修，提高我们的创新精神，使我们的课堂贴近现实社会，具有

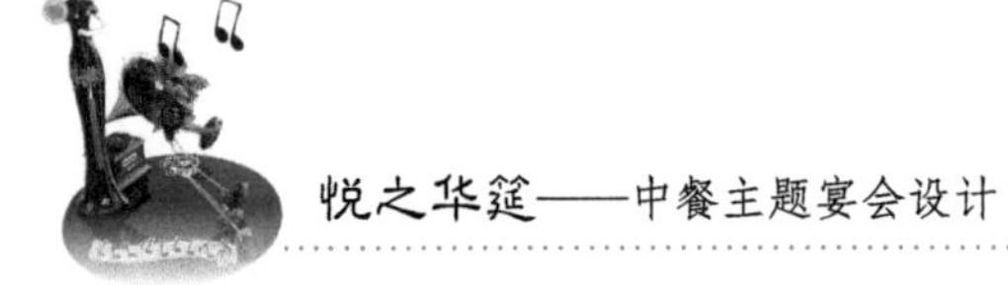

时代精神。

“学而不厌，诲人不倦”，这是我们教师的本色。教师应成为“生生不息的奔河”，引导学生去“挖泉”，挖掘探寻，以寻到知识的甘泉。今天的生活是由三年前我们的选择决定的，而今天我们的选择将决定我们三年后的生活。我们要选择最新的信息，了解最新的趋势，从而寻找到更好的自己。

我们要在学习中滋养底气、在思考中获得灵气、在实践中造就才气。教育是塑造人的事业，为了塑造学生美好的人生，我们需要付出辛勤的劳作，在成就学生的同时，也成就自我，实现自己的人生价值。

风在水上写诗，云在天空写诗，灯在书上写诗，年轻人用热烈的青春写诗，教师用人格写诗。为了共同的教育梦想，我们出征吧，让生命和使命同行！